U0332159

国家出版基金项目
NATIONAL PUBLICATION FOUNDATION

有色金属理论与技术前沿丛书

钛铁矿多元材料冶金

ILMENITE METALLURGY FOR COMPOUND MATERIALS

李新海　伍　凌　王志兴　郭华军　著

Li Xinhai　Wu Ling Wang Zhixing Guo Huajun

中南大学出版社
www.csupress.com.cn

中国有色集团
CNMC

内容简介

Introduction

　　随着全球能源和资源的日益短缺,开发新能源材料和综合利用矿物资源已成为当今世界的两大热点。本书将冶金、能源、材料等领域联系起来,提出了综合利用钛铁矿(或废料)制备新能源材料——磷酸铁锂和钛酸锂的新思路,并对钛铁矿冶金和材料制备的物理、化学过程及原理进行了详细研究。

图书在版编目(CIP)数据

钛铁矿多元材料冶金/李新海等著. —长沙:中南大学出版社,2015.11
ISBN 978 - 7 - 5487 - 2018 - 8

Ⅰ.钛... Ⅱ.李... Ⅲ.钛铁矿 - 铁合金熔炼
Ⅳ. TF651

中国版本图书馆 CIP 数据核字(2015)第 280911 号

钛铁矿多元材料冶金

李新海　伍 凌　王志兴　郭华军　著

□责任编辑	史海燕
□责任印制	易建国
□出版发行	中南大学出版社
	社址:长沙市麓山南路　　邮编:410083
	发行科电话:0731-88876770　　传真:0731-88710482
□印　　装	长沙超峰印务有限公司

□开　本	720×1000　1/16	□印张 12	□字数 231 千字
□版　次	2015 年 11 月第 1 版	□印次	2015 年 11 月第 1 次印刷
□书　号	ISBN 978 - 7 - 5487 - 2018 - 8
□定　价	58.00 元

作者简介

李新海，男，1962年生。中南大学教授，博士生导师，国务院政府特殊津贴获得者。长期从事冶金、材料与电化学的研究开发，先后主持国家"973"计划、国家科技支撑计划、湖南省科技计划重大专项等多项课题，研究主要涉及先进电池与储能材料，如锂离子电池、镍氢电池、无汞碱锰电池、燃料电池等先进电池及其关键材料；碳素材料，如碳纳米管、富勒烯、超级电容器用碳材料等；有色金属资源高效利用，如盐湖资源和复杂镍、钴、锰、锂资源等。先后有12项科研成果通过省部级科技成果鉴定，荣获省部级以上科技奖励10项，其中国家科技进步二等奖1项，湖南省技术发明一等奖1项，湖南省科技进步一等奖1项。申请国家发明专利60余项，授权发明专利30多项，发表学术论文300余篇。

伍凌，男，1984年生，冶金物理化学博士，苏州大学副教授，材料学博士后。主要从事冶金、储能材料及电化学方面的研究，包括湿法冶金、冶金资源综合利用、锂离子电池、钠离子电池等。主持国家自然科学基金2项、省部级科研项目4项、市厅级科研项目1项、校企合作项目2项。

王志兴，男，1970年生，中南大学教授，博士生导师，冶金物理化学博士，化学工程博士后。长期从事冶金、材料与电化学的研究。先后主持国家"973"课题1项，国家自然科学基金项目1项，主持或参与省部级、校企合作项目19项。方向主要涉及新型化学电源、能源材料、有色金属资源综合利用等领域并取得多项创新性成果。

郭华军，男，中南大学教授，博士生导师，冶金物理化学专业博士，材料学博士后。2008—2009 年在加拿大不列颠哥伦比亚大学留学。从事冶金和储能材料领域的研究 20 年，先后承担与参与国家"973"项目，国家科技支撑计划、国家发改委高技术产业化项目、国家自然科学基金等国家和省部级科技计划、校企合作项目 30 多项。研究成果获省部级以上科技进步奖 9 项，其中国家科技进步二等奖 1 项，省部级一等奖 2 项，获授权发明专利 73 项；发表 SCI、EI 收录论文 200 多篇。

学术委员会

Academic Committee

国家出版基金项目
有色金属理论与技术前沿丛书

主　任

王淀佐　　中国科学院院士　　中国工程院院士

委　员　（按姓氏笔画排序）

于润沧	中国工程院院士	古德生	中国工程院院士
左铁镛	中国工程院院士	刘业翔	中国工程院院士
刘宝琛	中国工程院院士	孙传尧	中国工程院院士
李东英	中国工程院院士	邱定蕃	中国工程院院士
何季麟	中国工程院院士	何继善	中国工程院院士
余永富	中国工程院院士	汪旭光	中国工程院院士
张文海	中国工程院院士	张国成	中国工程院院士
张懿	中国工程院院士	陈景	中国工程院院士
金展鹏	中国科学院院士	周克崧	中国工程院院士
周廉	中国工程院院士	钟掘	中国工程院院士
黄伯云	中国工程院院士	黄培云	中国工程院院士
屠海令	中国工程院院士	曾苏民	中国工程院院士
戴永年	中国工程院院士		

总序

Preface

当今有色金属已成为决定一个国家经济、科学技术、国防建设等发展的重要物质基础，是提升国家综合实力和保障国家安全的关键性战略资源。作为有色金属生产第一大国，我国在有色金属研究领域，特别是在复杂低品位有色金属资源的开发与利用上取得了长足进展。

我国有色金属工业近 30 年来发展迅速，产量连年来居世界首位，有色金属科技在国民经济建设和现代化国防建设中发挥着越来越重要的作用。与此同时，有色金属资源短缺与国民经济发展需求之间的矛盾也日益突出，对国外资源的依赖程度逐年增加，严重影响我国国民经济的健康发展。

随着经济的发展，已探明的优质矿产资源接近枯竭，不仅使我国面临有色金属材料总量供应严重短缺的危机，而且因为"难探、难采、难选、难冶"的复杂低品位矿石资源或二次资源逐步成为主体原料后，对传统的地质、采矿、选矿、冶金、材料、加工、环境等科学技术提出了巨大挑战。资源的低质化将会使我国有色金属工业及相关产业面临生存竞争的危机。我国有色金属工业的发展迫切需要适应我国资源特点的新理论、新技术。系统完整、水平领先和相互融合的有色金属科技图书的出版，对于提高我国有色金属工业的自主创新能力，促进高效、低耗、无污染、综合利用有色金属资源的新理论与新技术的应用，确保我国有色金属产业的可持续发展，具有重大的推动作用。

作为国家出版基金资助的国家重大出版项目，《有色金属理论与技术前沿丛书》计划出版 100 种图书，涵盖材料、冶金、矿业、地学和机电等学科。丛书的作者荟萃了有色金属研究领域的院士、国家重大科研计划项目的首席科学家、长江学者特聘教授、国家杰出青年科学基金获得者、全国优秀博士论文奖获得者、国家重大人才计划入选者、有色金属大型研究院所及骨干企业的顶尖专家。

国家出版基金由国家设立，用于鼓励和支持优秀公益性出版项目，代表我国学术出版的最高水平。《有色金属理论与技术前沿丛书》瞄准有色金属研究发展前沿，把握国内外有色金属学科的最新动态，全面、及时、准确地反映有色金属科学与工程技术方面的新理论、新技术和新应用，发掘与采集极富价值的研究成果，具有很高的学术价值。

中南大学出版社长期倾力服务有色金属的图书出版，在《有色金属理论与技术前沿丛书》的策划与出版过程中做了大量极富成效的工作，大力推动了我国有色金属行业优秀科技著作的出版，对高等院校、研究院所及大中型企业的有色金属学科人才培养具有直接而重大的促进作用。

王淀佐

2010 年 12 月

前言 /
/ Foreword

当今时代，为缓解全球能源危机，许多国家都致力于新能源产业的研究与开发，其中，锂离子电池作为新一代的清洁环保能源越来越受到重视。对于锂离子电池来说，正负极材料是决定其电化学性能、安全性能以及价格成本的关键因素。近年来，尖晶石结构的钛酸锂($Li_4Ti_5O_{12}$)具有优异的结构稳定性和安全性能，被认为是一种很好的高功率锂离子电池和非对称混合电池负极材料；而橄榄石结构的磷酸铁锂($LiFePO_4$)则因具有理论比容量高、循环性能好、热稳定性好、价格低廉、环境友好等优点，成为最有发展前景的锂离子电池正极材料之一。

钛酸锂和磷酸铁锂的性能很大程度上取决于其前驱体，目前制备钛酸锂和磷酸铁锂的前驱体大多为化学纯或分析纯的钛盐和铁盐。这些高纯钛盐或铁盐大部分是由矿石经过一系列的除杂工序获得，而用这些高纯原料制备钛酸锂和磷酸铁锂时又需添加一些对其电化学性能有益的掺杂元素(如 Mg、Mn、Al、Cr 等)，导致流程重复，成本大大增加。这些掺杂元素大多在天然矿物中就存在，因此，直接利用矿物(或废料)制备锂离子电池电极材料的前驱体是降低其生产成本的有效方法。

另一方面，钛铁矿($FeTiO_3$)资源储量大，分布广，几乎遍布全球。目前，人们主要是利用钛铁矿中的钛元素生产钛白、海绵钛和人造金红石等，而其他元素如铁、镁、铝、锰等都没有得到很好的利用，这不仅浪费了资源，而且也会对环境造成严重污染。随着资源的日益缺乏和环境问题的日渐突出，加快研发综合利用矿物中各种元素的新技术、新工艺已成为矿物利用的必然趋势。

本书为冶金及新能源领域的相关研究人员介绍了一种新的资源整合路径，结合矿物资源的利用与锂离子电池材料的制备，直接由矿物(或废料)制备了钛酸锂和磷酸铁锂的前驱体，从而能够更廉价地制备性能优异的锂离子电池正负极材料，同时也能更加环保地使用矿物资源。

本书首先利用机械活化—盐酸常压浸出的方法对钛铁矿进行选择性浸出，得到了富钛渣和富铁浸出液。以富钛渣为原料，用配位溶出—控制结晶的方法制备了不同形貌的过氧钛化合物，并以过氧钛化合物为前驱体制备了线状和棒状的纳米级 TiO_2（99.3%）以及性能优异的 $Li_4Ti_5O_{12}$。以富铁浸出液为原料，用选择性沉淀的方法制备了含少量 Al、Ti 的 $FePO_4 \cdot 2H_2O$，并以它为前驱体制备了性能优异的 $LiFePO_4$。对上述过程的机理进行了研究，如机械活化机理、选择性浸出机理、富钛渣配位溶出机理、浸出液选择性沉淀机理等。另外还研究了 Ti、Al 及 Ti – Al 掺杂对 $LiFePO_4$ 的结构及电化学性能的影响，对掺杂机理进行了深入探讨，并对比了 Ti、Al 单掺杂和 Ti – Al 双掺杂的异同。最后，还将选择性沉淀的方法应用于钛白副产硫酸亚铁废渣的回收利用，用其制备了性能优异的 $LiFePO_4$ 正极材料。

本书编写过程中得到了中南大学冶金与环境学院领导的大力支持，冶金物理化学与化学新材料研究所也给予了热情的帮助，在此表示感谢。本书中的研究内容是在国家重点基础研究发展计划（共生氧化矿多元材料化冶金基础理论与新技术研究，课题编号 2007CB613607）的资助下完成的，在此表示感谢。

书中也必定存在不少缺点和失误，敬请广大读者批评指正。

编　者
2015 年 9 月

目录 / Contents

第1章 概 述

1.1 引言

当今时代，为缓解全球能源危机、环境危机以及摆脱金融危机，欧美发达国家、日本以及中国都把技术创新的焦点集中于新能源产业。在寻找新能源的过程中，锂离子电池作为新一代的清洁环保能源越来越受到重视。对于锂离子电池来说，正负极材料是决定其电化学性能、安全性能以及价格成本的关键因素。近年来，尖晶石结构的钛酸锂因其具有优异的结构稳定性（锂离子脱嵌过程"零应变"）和安全性能（$Li_4Ti_5O_{12}$ 相对 Li/Li^+ 的还原电位为 1.5 V，可避免金属锂析出），被认为是一种很好的高功率锂离子电池和非对称混合电池负极材料[1-5]。而橄榄石结构的磷酸铁锂则因具有理论比容量高（170 mA·h/g）、循环性能好、热稳定性好、价格低廉、环境友好等优点，成为最有发展前景的锂离子电池正极材料之一[6-11]。钛酸锂和磷酸铁锂性能的好坏很大程度上取决于其前驱体性能的好坏，目前制备钛酸锂的前驱体大多为化学纯或分析纯的钛盐，如微米级或纳米级二氧化钛（包括无定形、锐钛型和金红石型）[12-15]、四氯化钛[16-18]、有机钛[19-23]等；而制备磷酸铁锂的前驱体大多为化学纯或分析纯的草酸亚铁[24-27]、醋酸亚铁[28]、磷酸铁[29]、氧化铁[30,31]、硫酸亚铁[32-35]、硫酸铁[36,37]、氯化亚铁[38]、氯化铁[39,40]，硝酸铁[41-44]等。这些高纯钛盐或铁盐大部分是由矿石经过一系列的除杂工序获得的，而用这些高纯原料制备钛酸锂和磷酸铁锂时又需添加一些对其电化学性能有益的掺杂元素（如 Mg、Mn、Al、Cr 等）[26,27,45-50]，导致流程重复，成本大大增加。因此，直接利用矿物（或废料）制备锂离子电池电极材料的前驱体是降低其生产成本的有效方法。

另一方面，钛铁矿（$FeTiO_3$）资源的储量大，分布广，几乎遍布全球，世界现已探明的钛铁矿储量（按 TiO_2 计）约 3.8 亿 t[51]，我国的储量约 3000 万 t[52]。目前，人们主要是利用钛铁矿中的钛元素生产钛白、海绵钛和人造金红石等，而其他元素如铁、镁、铝、锰等都没有得到很好的利用，这不仅浪费了资源，而且也会对环境造成严重污染。随着资源的日益缺乏和环境问题的日渐突出，加快研发综合利用矿物中各种元素的新技术、新工艺已成为矿物利用的必然趋势。

1.2 钛铁矿的研究及应用进展

1.2.1 钛铁矿的组成和资源分布

1.2.1.1 钛铁矿的组成

钛铁矿的主要化学成分为 $FeTiO_3$（也可记为 $FeO \cdot TiO_2$），它属于六方晶系，$R-3$ 空间群[53, 54]。钛铁矿中 TiO_2 的理论含量为 52.66%，FeO 的理论含量为 47.34%。钛铁矿的实际组成与其成矿原因和经历的自然条件有关，可以把它看做是 $TiO_2 - FeO$ 和其他杂质氧化物组成的固溶体，用如下通式表示：

$$m[(Fe, Mg, Mn) \cdot TiO_2] \cdot n[(Fe, Cr, Al)_2O_3]（其中 m + n = 1）^{[51]}$$

$$(1 - 1)$$

由于矿中杂质的种类和含量不同，钛铁矿存在许多衍生物，如镁钛矿、钙钛矿、钙铈钛矿和榍石等。由于风化作用，钛铁矿的组成不断变化，形成所谓的"风化钛铁矿"。如红钛铁矿（$Fe_2O_3 \cdot 3TiO_2$）可看成是钛铁矿、赤铁矿、锐钛矿和金红石的混合物，它是钛铁矿的一种风化产物；又如钛白石也是钛铁矿的一种风化产物，它没有固定的组成，其 TiO_2 含量为 70% ~ 90%。一般来说，风化程度越严重，钛的品位越高，三价铁与二价铁含量之比越大，Fe_2O_3/FeO 常介于 2.89 ~ 5.83[55] 之间。实际上，由 $TiO_2 - FeO - Fe_2O_3$ 的三元系相图（图 1 - 1）可知，TiO_2、

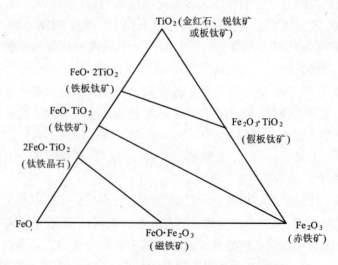

图 1 - 1　$TiO_2 - FeO - Fe_2O_3$ 三元系相图[51, 55]

FeO 和 Fe_2O_3 三者可形成无限固溶体,并按照不同比例形成许多矿物。此外,MgO、MnO 等物质还可以取代钛矿中的 FeO,形成类质同相固溶体。

1.2.1.2 钛铁矿资源的分布

世界钛资源的储量大,分布广。有关世界钛资源储量的各种统计数据相差较大,据联邦德国和美国 1980 年的统计数据,世界钛资源(以 TiO_2 计,不包括中国)共计 4.1 亿 t,其中钛铁矿 3.8 亿 t,占 93%;金红石 0.28 亿 t,占 7%[51]。

钛铁矿分为岩矿和砂矿两大类。岩矿系原生矿,结构致密,成分复杂,品位相对较低;砂矿属于次生矿,其结构疏松,品位较高,系岩矿经多年侵蚀、风化、河流冲击、沉积而成。岩矿床的产地集中,储量很大,主要分布在美国、加拿大、挪威、苏联和中国等北半球国家;而砂矿则主要集中在澳大利亚、印度和斯里兰卡等热带和亚热带气候潮湿的沿海地区和内河流域[55]。

我国钛铁矿的储量十分丰富,其中岩矿占大部分,主要分布在四川攀枝花、河北承德和云南等地区;也有少量砂矿,主要分布在广东、广西和海南沿海一带。四川攀枝花地区是一个超大型钒钛磁铁矿岩矿的储藏区,其钛资源储量占全国总储量的 90% 以上,但是,由于其矿物结构致密,且固溶了较高含量的 MgO,因此选出的精矿品位低,钙镁含量高,属于难开发利用的低品位钛矿[56]。

1.2.2 钛铁矿的常规利用途径

目前世界上开采的钛矿石约有 90% 用于钛白粉的生产,只有 5% 用于生产海绵钛[52],其余的用于生产产品。因此,钛铁矿最主要的用途是生产钛白粉。

1.2.2.1 钛白粉的生产

二氧化钛俗称钛白,是一种重要的化工产品,也是全世界公认的性能最好的白色颜料。它被广泛应用于涂料、造纸、搪瓷、塑料、化纤和橡胶等领域,是仅次于合成氨和磷酸的全球第三大无机化工产品。

钛白粉的生产方法主要有硫酸法和氯化法,目前二者的产量分别占世界钛白总产量的 40% 和 60%[57]。

(1)硫酸法

硫酸法于 1919 年在挪威实现工业化生产,是成熟的钛白生产方法。该方法以钛铁矿或钛渣为原料,工艺流程包括矿物的酸解、钛液的净化、硫酸亚铁的结晶、钛液的水解、水合 TiO_2 的水洗与漂白、煅烧以及后处理等工序。硫酸法的优点是可直接采用价廉易得的钛铁矿和硫酸作原料,设备简单,工艺成熟。缺点是工序多,流程长,且均以间歇操作为主;"三废"量大,每生产 1 t 钛白要排出 8 ~ 10 t 20% 的稀硫酸、3 ~ 4 t 绿矾(主要成分为 $FeSO_4 \cdot 7H_2O$)以及 15000 ~ 20000 m^3 的酸性含尘废气[55, 58],这些副产物的利用和处理比较困难,一般均视为废物予以排放,对环境造成了严重污染。

为了减少"三废"的产生，可将钛铁矿精矿先用电炉熔炼法制成酸溶性高钛渣（含 TiO_2 70% ~80%），然后用于硫酸法钛白的生产。这样虽然增加了电炉熔炼的成本，但浓硫酸的消耗量却降低了30%左右，而且废酸和绿矾的排出量也分别减少了50%和80%，甚至可能省掉冷冻除铁等工序[59, 60]，在环保和总成本上是合理的。目前国外一半以上的硫酸法钛白厂均采用酸溶性高钛渣作原料，我国大多数厂家也采用此方法[52]。虽然硫酸法在不断改进中，但是，随着世界对环境保护的日益重视，美国和西欧等国家的硫酸法工厂均纷纷被迫停产或转为氯化法生产。

（2）氯化法

氯化法于1958年由美国杜邦（Dupont）公司实现工业化。该方法以金红石或高品位钛渣（>85%）为原料，其工艺流程为：将原料与焦炭在沸腾床中混合，并在950℃左右与氯气反应生成 $TiCl_4$，然后将粗 $TiCl_4$ 冷却到稍高于 $TiCl_4$ 的沸点，使低挥发物（如铁、锰、铬的氯化物）冷凝，洗涤提纯后再进行气相氧化生成 TiO_2，最后冷却分离得到钛白。

氯化法的优点在于产能大，容易生产金红石型 TiO_2，产品质量好，粒度均匀，白度高，分散性好；另外，废副产物很少，氯气可循环使用，可实现闭路生产。缺点是对原料和设备的要求高，技术难度很大[51, 58]。鉴于氯化法无可比拟的优点，氯化法生产钛白的比例将越来越大，例如我国就将在承德建设年产 3×10^4 t 的氯化法钛白工厂，攀钢计划建设年产 6×10^4 t 的氯化法钛白粉工厂。

1.2.2.2　富钛料的生产

富钛料至今无明确的定义，一般来说，TiO_2 品位在30% ~95%的含钛物质都可称为富钛料。TiO_2 品位在46%以上时可用于硫酸法钛白的生产，品位在85%以上时可用于氯化法钛白的生产，品位高于90%以上（要求 S 含量低）时则可以直接用于焊条药皮的生产等[58]。随着天然金红石资源的日益枯竭以及沸腾氯化法的快速发展，既要生产高品质的钛白粉，又要减少对环境的污染，必须走开发高品位富钛料的技术路线。

目前由钛精矿生产高品位富钛料的方法大致分为以干法为主和以湿法为主两大类。干法包括电炉熔炼法、等离子熔炼法、选择氯化法和其他热还原法；湿法包括部分还原–盐酸（硫酸）浸出法（总称酸浸法）、全还原—锈蚀法、全还原—$FeCl_3$ 浸出法，以及其他化学分离方法等[51, 55, 58, 61-69]。目前工业上获得广泛应用的方法有电炉熔炼法、选择氯化法、还原锈蚀法和酸浸法，电炉熔炼法获得的产品是钛渣，其他方法获得的产品均是人造金红石。

（1）电炉熔炼法

电炉熔炼法是将钛铁矿与焦炭（或其他固体还原剂）一起在电弧炉中熔炼，借助于电弧，将炉料加热到1650℃以上，使钛铁矿中的铁氧化物还原成金属铁并在炉中沉降，而 TiO_2 则富集在渣中，从而获得生铁和高钛渣，达到钛与铁分离的目的[51, 55, 58]。

电炉熔炼法工艺流程短，副产品金属铁可直接利用，不产生固体和液体废料，电炉煤气可回收利用，工厂占地面积小，是一种高效的冶炼方法。该法在国内外得到了广泛应用，如加拿大 QIT 公司、南非 RBM 公司、挪威 TTI 公司等。

电炉熔炼法的缺点在于只能分离铁元素，非铁杂质（如 Mg、Ca 等）难以去除，因此产品质量受原料的影响较大。如南非的 Namakwa 公司和 RBM 公司就可以直接冶炼出适合氯化法钛白的高品质原料，而加拿大的 QIT 公司只能直接冶炼出酸溶性钛渣，用作硫酸法钛白的原料。因此，对钙镁含量较高的钛铁矿（如我国的攀枝花钛铁矿）来说，电炉熔炼法已经不能满足高品质富钛渣的生产要求。

（2）选择氯化法

选择氯化法是利用钛铁矿中各组分在热力学性质上的差异，控制适当的氯化条件，促使铁等组分优先氯化，并使 $FeCl_3$ 气体溢出，而钛则以金红石的形式在渣中得到富集。目前使用选择氯化法的公司有日本三菱金属公司等。

选择氯化法具有流程短、产能大、产品质量好、成本低等优点。但该法氯化时产生的 $FeCl_3$ 易恶化沸腾状况，处理含 Ca、Mg 较高的物料时难以解决 $CaCl_2$ 和 $MgCl_2$ 在炉底富集而结料的问题，氯气和氯化氢对设备的腐蚀严重，尾气处理麻烦[58, 70-72]。

（3）还原锈蚀法

还原锈蚀法又称 Becher 法[64, 65]，是一种选择性浸出的方法，澳大利亚 Iluka 公司即用此法生产含 TiO_2 90% 以上的人造金红石。其主要工艺流程为：首先将钛铁矿中的氧化铁用碳全部还原为金属铁，然后将还原后的物料置于酸化水溶液中，通入空气搅拌，使得矿粒中的金属铁锈蚀，生成的铁锈呈细散状，容易从矿粒中洗出来，从而达到富集 TiO_2 的目的。

还原锈蚀法流程简单、成本低，在锈蚀过程中产生的赤泥和废水接近中性，污染小，可以不依赖于酸碱工业。但是，该法仅适合于处理 TiO_2 品位高于 54% 的钛砂矿，且仅可除去铁和锰，不能除去其他杂质。

（4）酸浸法

酸浸法可以有效地除去铁、镁、铝、锰等可溶性杂质，获得高品位（90% ~ 96%）的人造金红石，适用于处理各种类型的矿物。酸浸法分为硫酸浸出和盐酸浸出两种，硫酸浸出法以日本的石原法为代表，而盐酸浸出法则以美国 Benilite 公司开发的 BCA 盐酸循环浸出法为代表。

硫酸浸出法（石原法）[51, 55, 58]生产人造金红石的主要流程包括还原焙烧、还原料脱焦、酸浸、过滤和水洗、煅烧等工序。日本石原公司利用硫酸钛白厂的废酸浸出印度的高品位砂矿（含 TiO_2 约 60%），生产出含 TiO_2 96% 的高品位人造金红石,浸出母液中的硫酸亚铁被加工成硫酸铵和氧化铁。该法充分利用硫酸法钛白厂的废酸,既降低了产品的成本,又有效解决了钛白生产厂的"三废"治理问题。但是,石原公司采用的是高品位钛铁矿,如果原料的品位降低则会使工艺变得复杂并降低产品的质量。

BCA 盐酸循环浸出法[51,55,58]以重油为还原剂,在回转窑中将 Fe(Ⅲ)还原成 Fe(Ⅱ),然后在球型回转压煮器中用 18% ~20% 的盐酸将 Fe(Ⅱ)进行浸出,且溶解掉钛铁矿中的 Mg、Mn、Ca、Al、Cr 等杂质。浸出母液中的铁和其他金属氯化物经传统的喷雾焙烧技术得到再生,用洗涤水将 HCl 气体吸收,得到 18% ~20% 的盐酸,返回浸出使用。此法的优点是可去除大部分杂质,盐酸可循环使用,达到了闭路循环和减小污染的目的,缺点是流程长,氯化氢对设备的腐蚀严重。

对于攀枝花钛铁矿,国内重庆天原化工厂采用预氧化—流态化盐酸浸出法。该法先将钛铁矿在低温(750℃左右)下进行预氧化,然后用流态化塔进行多段逆流浸出,可获得 TiO₂ 品位为 88% ~90% 的人造金红石[73,74]。此法尚未实现盐酸的再生和循环,且存在副流程长等问题。

1.2.3 钛铁矿资源的综合利用

由 1.2.2 节可知,目前人们主要是利用钛铁矿中的钛元素生产钛白和金属钛等,而铁元素要么经过复杂的工序变为附加值低的产品,要么作为废物堆弃,这不仅浪费了资源,而且也会对环境造成严重污染。随着资源的日益缺乏和环境问题的日渐突出,加快研发综合利用矿物中各种元素的新技术、新工艺已成为矿物利用的必然趋势。为此,国内外许多学者在钛铁矿的综合利用方面进行了一系列的探索。

1.2.3.1 由钛铁矿制备精细化工产品

近年来,以天然钛铁矿为原料直接合成高性能金属陶瓷材料的工艺引起了国内外学者的广泛关注。其基本原理是采用 C、Al、Mg、Ca 等还原能力较强的还原剂,使其生成硬质合金相 TiC、TiN,以及金属 Fe 相,从而制备金属陶瓷及硬质材料。

Brown 等[75]以钛铁矿为原料,利用原位烧结工艺在流动的氩气或真空下制备了 TiC/Fe 金属陶瓷。Terry 等[76]使用铁 – 钛铁矿混合粉末与碳和 CaF₂、BaSO₄ 等熔盐在流动氩气保护下获得了铁基 Ti(O,C)复合材料。Welham 等[77-81]以高能球磨结合热处理工艺,用钛铁矿制备了 TiC、TiN – Al₂O₃、TiN – Al₂O₃ – Fe、TiC – Al₂O₃、TiC – Al₂O₃ – Fe 等粉体材料。Ananthapadmanabhan 等[82,83]以甲烷、氨为反应气体,在等离子体中合成了 TiC/Fe 陶瓷涂层和 TiN/Fe 陶瓷粉体。国内潘复生等利用碳热还原在大气和氮气气氛下制备了 Ti(C,N)复合粉末及铁基 Ti(C,

N)金属基复合陶瓷[84]，并研究了钛铁矿碳热还原原位合成 TiC 金属基复合陶瓷的热力学过程[85]。邹正光等[86]利用铝热、碳热自蔓延法制备出了 TiC - Al₂O₃/Fe 复合材料，其抗弯强度达 605.19 MPa。

以天然钛铁矿为主要原料合成金属基复合材料，不仅可以充分利用钛铁矿中的钛和铁两种元素，而且可以降低复合材料的生产成本，是综合利用钛铁矿的一条新途径。

此外，还有研究者直接利用钛铁矿制备光催化材料和磁性材料。邸云萍等[87]以攀枝花钛铁精矿为原料，通过掺杂氧化锌，用固相反应煅烧法制备了具有光催化活性的多相半导体氧化物复合微粉（ZnTiO₃ + Fe₂O₃ + ZnO + FeTiO₃）。整体利用钛铁矿制备光催化材料，可以降低光催化材料的生产成本，提供了一条钛铁矿资源用于环境治理的新途径。邢献然等[88]以钛铁矿精矿为原料，加入助磨剂和 PVA 黏结剂后充分研磨、压片，在 1200 ~ 1400℃下烧结 10 ~ 20 h 得到铁板钛矿 Fe₂TiO₅材料，该材料具有较好的磁性。

虽然上述研究为钛铁矿的综合利用提供了一些新途径，但由于钛铁矿中一般含有较多的杂质（如 SiO₂、MgO、CaO 等），所以上述工艺合成的各种产品必定含有许多杂相，并且杂相的种类和含量受原料（钛铁矿）成分的影响较大，因此难以保证产品性能的稳定性。

本书研究出了综合利用钛铁矿制备锂离子电池负极材料 Li₄Ti₅O₁₂和正极材料 LiFePO₄的新方法，对钛铁矿中的 Ti 和 Fe 进行了充分利用，而且在此过程中还可以获得一系列的中间产物，如人造金红石（TiO₂含量 >90%）、特殊形貌的过氧钛化合物以及纳米 TiO₂（TiO₂含量 >99%）[89-93]。虽然增加了选择性浸出、配位溶出、选择性沉淀等工艺，流程稍显复杂，但最终制备出的均为高品质和高附加值的产品，且产品的性能受钛铁矿成分的影响甚小。这些产品可用于锂离子电池、钛冶金和光催化等多个领域，因此为钛铁矿的综合利用开辟了一条崭新的途径，对此将在第 2 ~ 4 章详细讨论。

1.2.3.2　含铁废渣的综合利用

由 1.2.2 节可知，在钛冶金领域，硫酸法钛白厂是含铁废渣的最大制造者，其每生产 1 t 钛白要产生 3 ~ 4 t 含铁废渣（俗称绿矾）。绿矾的主要成分为 FeSO₄ · 7H₂O，此外还含有大量 Mg、Mn、Al、Ca 等的硫酸盐杂质。由于杂质的种类多且含量较高，因此其经济价值低且难以回收利用，常被称为"硫酸亚铁废渣"。目前我国每年约生产 60 万 t 钛白粉，其中约 90% 由硫酸法生产[94]，由此估算，我国的硫酸法钛白厂每年将产生 162 ~ 216 万 t 含铁废渣。如此大量的废渣若不能及时有效利用，不仅会对环境造成严重污染，而且还浪费了大量的铁资源。

研究者们对硫酸亚铁废渣的综合利用做了大量的研究，这些研究主要集中在利用废渣制备聚合硫酸铁[95,96]、颜料氧化铁[97-102]和磁性氧化铁[103-105]等产品上。葛英勇等[95]将硫酸亚铁废渣、脱水剂和水同时置于反应釜中进行重结晶，将得到的重结晶产物烘干、粉碎后即得到饲料级一水硫酸亚铁；若向重结晶产物中加入氯酸钾和硫酸，在反应釜中发生聚合反应，则得到聚合硫酸铁，主要用于废水的净化。蔡传琦等[97, 98]以硫酸亚铁废渣为原料，先将其用铁皮还原以抑制水解，然后絮凝、沉降分离精制硫酸亚铁，最后用精制后的硫酸亚铁制备氧化铁红和氧化铁黄颜料。中国专利00113589.9[103]公开的用钛白副产硫酸亚铁生产高纯磁性氧化铁的方法，先冷冻结晶除去部分杂质，然后再溶解后又用硫酸铁皮水解法进一步除杂，铁的回收率仅50%左右。中国专利200610018642.X[105]公开的用钛白副产硫酸亚铁制备软磁用高纯氧化铁的方法，为了使锰、镁与铁得到分离，该法先将绿矾净化除杂，后用两步中和与氧化法制备氧化铁。

本课题组近年来也对硫酸亚铁废渣的回收利用做了大量研究，最后惊喜地发现，选择合适的沉淀剂，无需任何单独的除杂工序即可从硫酸亚铁废渣一步制备得到锂离子电池正极材料 $LiFePO_4$ 的前驱体，并且以此前驱体制备的 $LiFePO_4$ 电化学性能优异[106-108]。这也为硫酸亚铁废渣的回收利用提供了一条新的途径，对此将在第6章作详细探讨。

1.3 锂离子电池负极材料 $Li_4Ti_5O_{12}$ 的研究及应用进展

锂离子电池的快速发展依赖于新型能源材料的开发和综合技术的进步，其中新型电极材料（正极和负极）的探索和研究显得尤为重要。目前，商业化的锂离子电池大多采用石墨等嵌锂碳材料作为负极。尽管相对于金属锂而言，碳材料在安全性能、循环性能等方面有了很大的改进，但仍存在不少缺点：如碳材料的电位与金属锂的电位接近，当电池过充时，金属锂可能在碳电极表面析出而形成锂枝晶，从而导致短路；容易在碳表面形成钝化膜，首次充放电效率低；存在明显的电压滞后；与电解液反应，热稳定性不好等[109, 110]。为解决这些问题，研究者们对许多其他负极材料进行了研究探讨，其中包括硅负极、硫化物、锡基合金等[111-114]，但这些材料均无法获得理想效果，没有大规模应用。

近年来，尖晶石结构的 $Li_4Ti_5O_{12}$ 作为锂离子电池负极材料引起了人们的广泛关注。相比于其他负极材料而言，$Li_4Ti_5O_{12}$ 具有其独特的优势：它具有在充放电过程中晶格常数几乎不发生变化的"零应变"特性，循环性能非常优异；具有很平的充放电平台，其容量（理论比容量175 mA·h/g）几乎全部集中在平台区域；其嵌锂电位较高（1.55 V vs. Li/Li^+），不易引起金属锂的析出，抗过充性能好；不与电解液反应，热稳定性好[1-4]。此外，$Li_4Ti_5O_{12}$ 的化学扩散系数比碳电极材料大一个数量级，因此还可作为超级电容器的电极材料[5, 115]。

1.3.1　$Li_4Ti_5O_{12}$的结构及电化学特性

$Li_4Ti_5O_{12}$为白色晶体，是一种尖晶石型立方晶格的锂离子嵌入型化合物，属立方晶系，空间群 Fd-3m。$Li_4Ti_5O_{12}$的晶体结构如图 1-2 所示，O^{2-}构成点面心立方(fcc)点阵，位于 32e 位置，所有的 8a 位被 Li^+ 占据，Ti^{4+}和剩余的 Li^+ 则位于 16d 的八面体间隙中，因此，可将其结构表示为[116]：

$$[Li]_{8a}[Li_{1/3}Ti_{5/3}]_{16d}[O_4]_{32e}$$

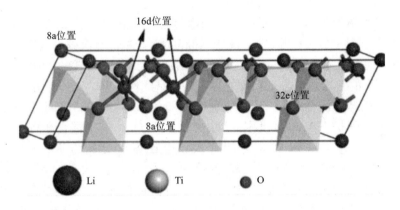

图 1-2　$Li_4Ti_5O_{12}$的晶体结构示意图[50]

在嵌锂过程中，嵌入的锂和四面体 8a 位置的锂转移到 16c 位置，$Li_4Ti_5O_{12}$还原为岩盐结构的$[Li_2]_{16c}[Li_{1/3}Ti_{5/3}]_{16d}[O_4]_{32e}$。反应产物 $Li_7Ti_5O_{12}$为淡蓝色，由于出现 Ti^{4+} 和 Ti^{3+} 的变价，因此其电子导电性较好，电导率约为 10^{-2} S/cm。这种脱嵌锂的变化在动力学上是高度可逆的，其反应式可表述如下：

$$[Li]_{8a}[Li_{1/3}Ti_{5/3}]_{16d}[O_4]_{32e} + Li^+ + e \underset{脱锂}{\overset{嵌锂}{\rightleftharpoons}} [Li_2]_{16c}[Li_{1/3}Ti_{5/3}]_{16d}[O_4]_{32e}$$

$$(1-2)$$

由于反应前后晶胞常数 a 仅从 8.36 Å 增加到 8.37 Å，晶胞体积的变化非常小(<0.3%)，因此被称为"零应变"(Zero-strain)材料[1, 117]。$Li_4Ti_5O_{12}$作为"零应变"电极材料，避免了一般电极材料脱/嵌锂时晶胞体积应变而造成的电极结构损坏的问题，因而具有非常优异的循环性能，其循环寿命可达数万次以上[118, 119]。$Li_4Ti_5O_{12}$的容量主要由可以容纳 Li^+ 的八面体间隙控制，1 mol $Li_4Ti_5O_{12}$最多只能嵌入 1 mol Li，理论比容量为 175 mA·h/g；其放电电压平稳，平均电压为 1.56 V。由于电压较高，可避免锂枝晶的析出，因此 $Li_4Ti_5O_{12}$还具有优良的耐过充、过放特性[120-122]。

1.3.2 $Li_4Ti_5O_{12}$的合成方法及特点

$Li_4Ti_5O_{12}$的制备方法主要有高温固相法[1, 2]、溶胶－凝胶法[123-127]、水热离子交换法[128]、微波法[129]、喷雾干燥法[130]、熔盐法等[131, 132]。

1.3.2.1 高温固相法

高温固相法是合成 $Li_4Ti_5O_{12}$ 的主要方法，一般是将 TiO_2 与 Li_2CO_3 或 LiOH 充分混合，然后在 800～1000℃ 下煅烧一定时间即得产品。

Ohzuku 等[1]以锐钛型 TiO_2 和 LiOH·H_2O 为原料，在 Li/Ti = 0～2，于 800℃下氮气气氛中热处理 12 h 得到一系列的锂钛复合氧化物。当 Li/Ti = 4/5 时，得到的产物可逆容量最大；当 1/2 < Li/Ti ≤ 4/5 时，产物的首次放电比容量约为 160 mA·h/g，同时可逆容量随 Li/Ti 的增加而增加；当 4/5 < Li/Ti < 2 时，随着 Li/Ti 的增加，产物的首次放电容量和可逆容量几乎呈线性下降。Zaghib 等[2]比较了普通混合和高能球磨混合对 $Li_4Ti_5O_{12}$ 电化学性能的影响，以 TiO_2 与 Li_2CO_3 为原料，混合后在氮气保护下于 800℃煅烧 12 h 制得 $Li_4Ti_5O_{12}$。普通混合和高能球磨混合得到的 $Li_4Ti_5O_{12}$ 在 C/12 倍率下的首次放电比容量分别为 155 mA·h/g 和 157 mA·h/g，高能球磨并未明显改善材料的电化学性能。

高温固相法的优点是合成工艺简单，原料价格较低，易于实现工业化生产；缺点是合成温度高，能耗大，产物颗粒的形貌不规则以及粒径分布范围广等。

1.3.2.2 溶胶－凝胶法

溶胶－凝胶法是指有机或无机金属化合物经溶液、溶胶、凝胶固化后通过热处理而得到氧化物或其他化合物的方法，该方法能使各原料在原子、分子水平上混合均匀，可得到纯度高、颗粒细的产品。溶胶－凝胶法制备纳米级 $Li_4Ti_5O_{12}$ 的典型工艺包括钛源（如钛酸四丁酯等）与锂源（如乙醇锂、乙酸锂等）的互溶，溶液－溶胶－凝胶的转变，凝胶的干燥和煅烧。

郝艳静等[123-125]以钛酸丁酯和碳酸锂（或醋酸锂）为原料，对三乙醇胺溶胶－凝胶法、草酸溶胶－凝胶法和柠檬酸溶胶－凝胶法制备 $Li_4Ti_5O_{12}$ 作了系统的研究，三种方法制备的样品在低倍率下的首次放电容量均接近 170 mA·h/g，但循环性能较差。Bach 等[126]按化学计量比将异四丙醇钛加入醋酸锂的甲醇溶液中，得到黄色溶液，搅拌 1 h 后得到白色凝胶，该凝胶干燥后在 700～800℃煅烧即得 $Li_4Ti_5O_{12}$，其电化学性能较好。另外，还可以用溶胶－凝胶法做表面包覆或者复合改性，如 Yi 等[127]用溶胶－凝胶法在 $LiCoO_2$ 颗粒表面包覆 $Li_4Ti_5O_{12}$，改善了材料的循环性能。

溶胶－凝胶法的主要优点是反应物能在分子尺度上混合均匀，产物的化学计量精确，颗粒细小。缺点在于原料一般为有机钛，毒性较大，成本高，操作性差，因此难以产业化。

1.3.2.3 其他合成方法

水热离子交换法：李俊荣等[128]以钛酸纳米管(线、棒、带)为前驱体，采用低温(130～200℃)水热离子交换法制备了形貌可控、电化学性能优良的纳米级管状、线状 $Li_4Ti_5O_{12}$。与传统的固相法相比，该方法所制备 $Li_4Ti_5O_{12}$ 的电荷转移阻抗等动力学参数都得到了改善。

微波法：J. Li 等[129]以锐钛型 TiO_2 和 Li_2CO_3 为原料，用微波法合成了 $Li_4Ti_5O_{12}$。结果表明，在 700 W 下辐射 15 min 后所得的 $Li_4Ti_5O_{12}$ 为纯相，其颗粒为纳米类球形，该样品在 0.1 mA/cm^2 和 0.4 mA/cm^2 的电流下的首次放电比容量分别为 162 mA·h/g 和 144 mA·h/g。

喷雾干燥法：Hsiao 等[130]用喷雾干燥法制备了多孔型和密实型 $Li_4Ti_5O_{12}$，研究了两种 $Li_4Ti_5O_{12}$ 的电化学性能。结果表明：以 2C、5C 和 20C 充放电时，多孔型 $Li_4Ti_5O_{12}$ 的可逆比容量分别为 144.0 mA·h/g、128.0 mA·h/g 和 73.0 mA·h/g，而密实型 $Li_4Ti_5O_{12}$ 的可逆比容量仅为 108.0 mA·h/g、25.0 mA·h/g 和 17.0 mA·h/g。

熔盐法：Raham 等[131]选择 $LiNO_3$ – LiOH – Li_2O_2 熔盐体系，用熔盐法制备了 $Li_4Ti_5O_{12}$ – TiO_2 负极材料，其最优条件下合成的样品在 0.2C、0.5C、1C、2C、5C 倍率下的首次放电比容量分别为 193 mA·h/g、168 mA·h/g、146 mA·h/g、135 mA·h/g 和 117 mA·h/g，在 1C 倍率下循环 100 次后的放电比容量为 138 mA·h/g。Bai 等[132]将 $LiOH·H_2O$、TiO_2、LiCl – KCl 按物质的量比 4∶5∶10 混合均匀，然后在 800℃下煅烧 8 h，冷却至室温后用去离子水清洗产物，将产物烘干后得 $Li_4Ti_5O_{12}$。该样品在 0.2C 倍率下首次放电比容量达 169 mA·h/g，且在 0.2C～5C 倍率下均具有较好的电化学性能。

1.3.3 $Li_4Ti_5O_{12}$ 存在的问题及改性研究

钛酸锂作为锂离子动力电池和储能电池的负极材料有着巨大的研究价值和广阔的应用前景。但是，钛酸锂极低的电子电导率和离子电导率[1]导致其倍率性能差，从而限制了它的实际应用。为了克服这一缺陷，研究者们采取了许多方法对其进行改性，主要的途径有：①包覆或掺杂电子导体；②离子体相掺杂；③细化颗粒。

1.3.3.1 包覆或掺杂电子导体

向 $Li_4Ti_5O_{12}$ 中引入少量电子导体(如 C、Ag 等)，使其均匀地包覆在 $Li_4Ti_5O_{12}$ 颗粒的表面或分散在 $Li_4Ti_5O_{12}$ 颗粒之间，可提高材料颗粒间的导电性。

(1)碳掺杂或包覆

碳的电导率较高，因此碳的引入可提高材料的电子电导率，改善 $Li_4Ti_5O_{12}$ 的倍率性能。一般认为碳对 $Li_4Ti_5O_{12}$ 的改性主要体现在以下三个方面[133]：①提高粉末的反应活性,通过提高粒子中 Li^+ 的扩散来加强转化的完全性;②充当导电桥梁,在粒子间构建导电网络,进而形成类似链状的结构;③抑制高温下颗粒的长大。

Guerfi 等[134]分别以炭黑、高比表面活性炭、天然石墨以及聚合物为碳源,制备了 $Li_4Ti_5O_{12}$/C 材料。通过对比,发现产物的尺寸与碳的类型密切相关,采用聚合物为碳源时可获得电化学性能优良的产品;掺杂高比表面活性炭制得的产品在 1C 倍率下的比容量为 144 mA·h/g。Dominko 等[135]把 $Li_4Ti_5O_{12}$ 和柠檬酸均匀混合后在惰性气氛中 800℃下煅烧 10 h 得到了表面包覆一层多孔碳的 $Li_4Ti_5O_{12}$,包覆后样品的电导率、比容量和循环稳定性均高于包覆前的样品。

(2)金属导电相掺杂或包覆

Huang 等以 $AgNO_3$($CuSO_4·5H_2O$)、TiO_2 和 Li_2CO_3 为原料,采用固相法制备了 $Li_4Ti_5O_{12}$/Ag[136]和 $Li_4Ti_5O_{12}$/Cu[137]复合材料。两种复合材料均表现出优异的电化学性能。$Li_4Ti_5O_{12}$/Ag 在 1C、4C 和 10C 倍率下的首次放电比容量分别为 184.6 mA·h/g、157.3 mA·h/g 和 114.8 mA·h/g;$Li_4Ti_5O_{12}$/Cu 在 1C、4C 和 10C 倍率下的首次放电比容量分别为 209.2 mA·h/g、173.4 mA·h/g 和 142.5 mA·h/g。

1.3.3.2 离子体相掺杂

离子体相掺杂可在材料中引入自由电子或空穴,能提高材料的本征电导率,是改善材料电化学性能最有效的方法之一。

Kubiak 等[138]分别用 V、Fe、Mn 取代部分 Ti,对掺杂造成的容量损失、不可逆插锂机制进行了详细的讨论,认为电化学性能与材料中存在的缺陷有很大关系,八面体(16d)缺陷会降低容量,四面体(8a)缺陷则与不可逆插锂机理有关。Robertson 等[139]选择 Fe^{3+}、Ni^{3+} 和 Cr^{3+} 作为掺杂离子,采用高温固相法制得产品。掺杂镍和铬增加了样品的比容量,却降低了循环性能;掺杂铁后,明显降低了样品的循环比容量;掺杂均降低了样品的放电平台电压。Zhao 等[140]研究了 Al^{3+} 掺杂对 $Li_4Ti_5O_{12}$ 结构和化学性能的影响,他们认为 Al^{3+} 占据 Li 位会增加 Ti^{3+}/Ti^{4+} 电对的数量,能增强材料的导电性;但同时 Al^{3+} 又阻碍了锂离子的扩散,降低了 $Li_4Ti_5O_{12}$ 的扩散系数。Huang 等[141]研究了 Al^{3+}、F^- 以及 $Al^{3+}-F^-$ 掺杂对钛酸锂的影响,他们发现 Al^{3+} 掺杂的样品在 0.5~2.5 V 范围内出现了 1.5 V 和 0.68 V 两个电压平台;Al^{3+} 掺杂显著地提高了材料的可逆容量和循环稳定性,而 F^- 掺杂却降低了材料的性能,$Al^{3+}-F^-$ 双掺杂材料的性能则介于两者之间。

1.3.3.3 细化颗粒

小颗粒的 $Li_4Ti_5O_{12}$,尤其是尺寸达到纳米级的,能增大其与电解液的接触面积,缩短 Li^+ 的迁移路径,减小 Li^+ 的扩散阻力,减小电极极化,高倍率条件下能

保证 Li^+ 快速嵌入和脱出，使之具有较好的倍率性能。Shen 等[142]以 $CH_3COOLi \cdot 2H_2O$ 和 $Ti(OC_4H_9)_4$ 为原料制备了粒径约 100 nm 的 $Li_4Ti_5O_{12}$，该样品在 0.3 mA/cm^2 下的首次放电比容量为 272 $mA \cdot h/g$，且具有很好的循环性能。Kavan 等[143]的研究表明，比表面积为 53～183 m^2/g 的纳米薄膜 $Li_4Ti_5O_{12}$ 作为电池负极材料，在 250C 的倍率下仍表现出良好的电化学性能，这说明纳米级 $Li_4Ti_5O_{12}$ 是一种很有前途的动力型锂离子电池负极材料。

1.3.4　$Li_4Ti_5O_{12}$ 的应用进展

1.3.4.1　在锂离子电池中的应用

$Li_4Ti_5O_{12}$ 既可作正极也可作负极，由于它不能提供锂源，因此作正极时只能与金属锂或锂合金构成电池；作负极时，可与 $LiCoO_2$、$LiMn_2O_4$ 等（4 V）或 $LiNi_{0.5}Mn_{1.5}O_4$ 等（5 V）正极材料组成 2.4 V 或 3.2 V 的电池（约为 Cr–Ni 或 MH–Ni 电池的 2 倍）。若用 $LiFePO_4$（3.4 V）作正极，组成的电池只有 1.9 V 左右。

Masatoshi 等[118]以 $LiCoO_2$ 为正极，对比了 $Li_4Ti_5O_{12}$ 和石墨作为负极材料在储能电池中的应用。$Li_4Ti_5O_{12}|EC + DEC + LiPF_6|LiCoO_2$ 系统具有 4000 次的循环寿命，结果优于石墨作负极的 2800 次。虽然该系统的比能量小于石墨作负极的系统，但由于负极为 $Li_4Ti_5O_{12}$，可用铝箔做电极引线，且容器更轻，使得此类电池的比容量与石墨作负极的电池相差无几。作为电动汽车电源，$LiCoO_2$–石墨和 $LiCoO_2$–$Li_4Ti_5O_{12}$ 电池相较之下，后者的电化学性能更好。

据报道[144]，美国阿尔泰技术公司利用钛酸锂纳米晶体做电池负极，研制出一种能快速充放电的新型锂电池，这种电池充电次数最高可达 20000 次，快速充满电只需 5 min。日本石原产业公司开发的钛酸锂材料，也显示出良好的充放电性能，充放电容量与理论容量几乎相等。

1.3.4.2　在不对称超级电容器中的应用

超级电容器可分为对称型和不对称型。纳米粒径的 $Li_4Ti_5O_{12}$ 具有循环寿命长、容量大、电极电位较低（< –1 V vs. SHE）、能量密度高及合成电容器后循环过程中较稳定等特点，符合不对称超级电容器电极的要求[145]。Cheng 等[146]用高温熔盐法合成了纳米粒径（约 100 nm）的 $Li_4Ti_5O_{12}$，其首次放电比容量为 159 $mA \cdot h/g$，制作成不对称超级电容器后，在 100C 下的放电比容量为 3C 时的 60%。Antonino 等[147]对比了传统的碳–碳超级电容器、锂离子电池和碳–纳米 $Li_4Ti_5O_{12}$ 超级电容器的性能，他们认为，$Li_4Ti_5O_{12}$ 的应用突破了以往超级电容器大多使用贵金属氧化物电极（如 RuO_2、IrO_2）和进口季铵盐类的限制，提高了不对称超级电容器的应用能力。

1.4 锂离子电池正极材料 LiFePO₄的研究及应用进展

自从 Goodenough 的研究小组[6,148]报道了 LiFePO₄具有脱/嵌锂性能以来，LiFePO₄作为一种新型锂离子电池正极材料，引起了全球锂电工作者的广泛关注。LiFePO₄的主要优点是原料来源丰富，价格低廉，具有较高的比容量(理论比容量为170 mA·h/g)和3.5 V的稳定放电平台，以及优良的循环性能、安全性能和热稳定性。因而，LiFePO₄被称为是锂离子动力电池的首选正极材料[6-11]。

1.4.1 LiFePO₄的结构及电化学特性

LiFePO₄晶体具有有序的橄榄石结构(图1-3)，属于正交晶系，空间群 Pnma。其晶胞参数为 $a = 6.008$ Å，$b = 10.334$ Å，$c = 4.694$ Å[6]。每个晶胞中含有4个LiFePO₄单元，其中氧原子以稍微扭曲的六方紧密堆积方式排列。Fe 与 Li 各自处于氧原子八面体中心位置，形成 FeO₆八面体和 LiO₆八面体；P 处于氧原子四面体中心位置，形成 PO₄四面体。交替排列的 FeO₆八面体通过共用顶点的一个氧原子相连，

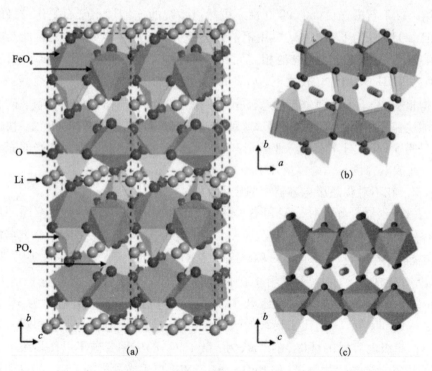

图1-3 LiFePO₄的晶体结构示意图[151]

构成 FeO_6 层。在 FeO_6 层之间，相邻的 LiO_6 八面体在 b 方向上通过共用棱上的两个氧原子相连成链。每个 PO_4 四面体与一个 FeO_6 八面体共用棱上的两个氧原子，同时又与两个 LiO_6 八面体共用棱上的氧原子。Li^+ 在 $4a$ 位形成共棱的连续直线链并平行于 c 轴，从而 Li^+ 具有二维可移动性，使之在充放电过程中可以脱出和嵌入。强的 P—O 共价键形成离域的三维立体化学键使 $LiFePO_4$ 具有很强的热力学和动力学稳定性[149-151]。由于 $(PO_4)^{3-}$ 聚阴离子团的存在，使得 $LiFePO_4$ 的结构稳定，并且通过 Fe—O—P 的诱导效应，降低了 Fe^{3+}/Fe^{2+} 氧化还原电对的 Fermi 能级，因此，$LiFePO_4$ 可提供一个较高的放电电压(约 3.5 V vs. Li^+/Li)。

从结构图还可以看出，在 Li^+ 的 $b-c$ 平面里存在桥联 Fe 原子 $b-c$ 平面的 PO_4 四面体，它阻碍了 Li^+ 的二维扩散运动。此外，相邻的 FeO_6 八面体通过共顶点链接，与层状结构($LiMO_2$，M = Co，Ni)和尖晶石结构(LiM_2O_4，M = Mn)中存在共棱的 MO_6 八面体连续结构不同，共顶点的八面体具有相对较低的电子传导率。因此，$LiFePO_4$ 的结构决定了其只适合于小电流密度下充放电[149-151]。

充电时，Li^+ 从 FeO_6 层中迁移出来，经过电解质进入负极，Fe^{2+} 被氧化成为 Fe^{3+}，电子则经过相互接触的导电剂汇集到集流极，并从外电路到达负极，放电时过程则恰好相反[152]。$LiFePO_4$ 的充放电过程一般可用下式表示：

$$LiFePO_4 \xrightleftharpoons[\text{放电(嵌锂)}]{\text{充电(脱锂)}} Fe_{1-x}PO_4 + xLi^+ + xe \tag{1-3}$$

Goodenough[6]等人用化学脱锂的方法对 $LiFePO_4$ 脱/嵌锂过程中的结构变化做了研究。将 $LiFePO_4$ 分别和不同化学计量比的 NO_2PF_6 在丙酮中混合，将各自产物分别洗净后进行 XRD 研究，结果表明随着脱锂量的增加，$LiFePO_4$ 逐渐转化为 $FePO_4$ 相，此时晶胞参数 a、b 略为缩小，c 略为伸长，变化很小。$LiFePO_4$ 和 $FePO_4$ 的晶胞体积分别为 291.392 $Å^3$ 和 272.357 $Å^3$，仅相差 6.81%。

由于在充放电过程中 $LiFePO_4$ 的晶胞参数和体积变化都很小，不致于造成颗粒的结构以及颗粒与颗粒、颗粒与导电剂之间的接触受到破坏，因此，该材料具有很好的循环性能。另外，Yamada 等[153]认为，$LiFePO_4$ 与 $FePO_4$ 之间体积的微小变化有一个好处，即这一体积变化正好可以补偿负极碳材料充放电时的体积变化，从而使实用型电池的容积得到有效利用。

1.4.2 $LiFePO_4$ 的合成方法及特点

$LiFePO_4$ 的合成方法很多，主要有高温固相法[6, 24-27]、碳热还原法[30, 154]、液相共沉淀法[155, 156]、化学锂化法[7, 32, 157, 158]、溶胶 - 凝胶法[159-161]、微波法[162, 163]、微乳液法[164, 165]、喷雾热解法[38, 166-168]、水热法[169-171]、放电等离子烧结法[172]、脉冲激光沉积法[173, 174]、仿生化学法[175]，等等。

1.4.2.1 高温固相法

高温固相法是目前制备 $LiFePO_4$ 最常用、最成熟的方法。它通常以碳酸锂、氢氧化锂或醋酸锂为锂源,草酸亚铁、乙酸亚铁等有机铁盐为铁源,以磷酸二氢铵、磷酸氢二铵为磷源。采用上述物质的原因是,在煅烧过程中它们易分解,生成 NH_3 和 CO_2 等挥发性气体除去,可减少杂质的引入。

Padhi 等[6]采用二步加热法,以 Li_2CO_3、$Fe(CH_3COO)_2$ 和 $NH_4H_2PO_4$ 为原料,首先在 300~350℃ 预热分解,然后在 800℃ 烧结。所得样品以 0.05 mA/cm^2 的电流充放电时的初始放电比容量为 110 $mA \cdot h/g$。Andersson 等[176]采用三步加热法,以 Li_2CO_3、$FeC_2O_4 \cdot 2H_2O$ 和 $NH_4H_2PO_4$ 为原料,首先在 300℃ 预热分解,然后在 450℃ 加热 10 h,最后在 800℃ 烧结 36 h,所得样品在 2.3 mA/g 的电流下的初始放电比容量为 136 $mA \cdot h/g$。

高温固相法有如下缺点:煅烧温度高、时间长,物相不均匀,晶粒尺寸较大,粒度分布范围宽等。但固相法设备和工艺简单,制备条件容易控制,便于工业化生产。若在烧结过程中让原料充分研磨,并且在烧结后的降温过程中严格控制淬火速度,则可获得电化学性能良好的粉体。

1.4.2.2 碳热还原法

Bakrer 等[154]首次将碳热还原法用于 $LiFePO_4$ 的合成。该方法以三价铁的化合物作为铁源,在反应物中混合过量的碳,利用碳在高温下将 Fe^{3+} 还原为 Fe^{2+},解决了在原料混合加工过程中可能引发的氧化反应,使合成过程更为合理,同时也改善了材料的导电性。H. P. Liu 等[30]以 Fe_2O_3 为铁源,炭黑和葡萄糖为碳源,用碳热还原法制备了 $LiFePO_4$,结果表明以葡萄糖为碳源合成的样品性能较好,该样品在 0.1C 倍率下的首次放电比容量达 159.3 $mA \cdot h/g$,循环 30 次后的容量衰减率仅为 2.2%。

1.4.2.3 共沉淀法

共沉淀法是一种在溶液状态下,将合适的沉淀剂加入到有不同化学成分的可溶盐组成的混合溶液当中,形成难溶的超微颗粒前驱体沉淀物,再将此沉淀物进行干燥或焙烧制得相应的超微颗粒的方法,该方法适合于合成细颗粒材料。

Prosini[155]等用共沉淀法合成了 $FePO_4$ 和 $LiFePO_4$。合成过程中,先将 0.1 mol/L 的 $Fe(NH_4)_2(SO_4)_2 \cdot 6H_2O$ 和 0.1 mol/L 的 $NH_4H_2PO_4$ 按体积比 1:1 混合,然后加入 H_2O_2,形成白色沉淀物,将沉淀过滤、洗涤数次,干燥后热处理得到 $FePO_4$。将 $FePO_4$ 溶于 2 mol/L 的 LiI 溶液中,搅拌 48 h,溶液变成红黑色,将过滤所得粉末用丙酮清洗,干燥数天后在惰性气氛下热处理 3 h 得到 $LiFePO_4$。Arnold 等人[156]用液相共沉淀—热处理法合成了 $LiFePO_4$。他们以 Li_3PO_4 和 $Fe_3(PO_4)_2$ 为原料,首先在控制 pH 的条件下得到共沉淀产物,将沉淀洗涤、干燥，然后在 650 ~ 800℃下热处理 12 h 得 LiFePO₄，其平均粒径约为 7 μm。该样品在 C/20 和 C/2 倍率下的首次放电比容量分别为 160 mA·h/g 和 145 mA·h/g，并且具有很好的循环稳定性能。

共沉淀法具有原料易充分混合均匀、合成温度低、产物颗粒细小且均匀等优点，但是由于各组分的沉淀速度存在差异，可能会导致组成的偏离和均匀性的丧失。

1.4.2.4 其他合成方法

化学锂化法：该方法是在常温下将 Li⁺嵌入到反应物中，形成类似于无定形 LiFePO₄的中间产物，然后在较低温度下热处理得 LiFePO₄晶体。J. C. Zheng 等[32]用自制的 FePO₄·xH₂O 为原料，将其与 Li₂CO₃、草酸混合后球磨 4 h，将所得浆料干燥后于 500℃下氩气氛中煅烧 12 h 得 LiFePO₄粉末。该样品在 0.1C、1C、5C 和 10C 下的首次放电比容量为 166 mA·h/g、154 mA·h/g、130 mA·h/g 和 95 mA·h/g，循环 50 次后的容量保持率分别为 99.4%、99.6%、94.6% 和 89.5%。该方法操作简单，产物的颗粒细小均匀，电化学性能优良。

溶胶 – 凝胶法：Huang 等[159]将 CH₃COOLi、(CH₃COO)₂Fe、NH₄H₂PO₄ 按化学计量比混合均匀，然后由间二酚甲醛树脂聚合形成碳凝胶混合，陈化后，连续用丙酮洗两遍，除去水和其他杂质，将混合物在氮气气氛中 350℃下处理 5 h，然后在 700℃处理 12 h 即得 LiFePO₄，该样品电化学性能优良。溶胶 – 凝胶法具有处理温度低、粉体粒径细小以及产物性能优良等优点；然而该方法的合成周期较长且难以控制，样品在干燥和烧结时的收缩性大，很难实现大规模生产。

微波法：该方法利用微波辐射加热的原理，能够快速、高效地合成许多重要材料。Higuchi[162]等人首次用微波法合成了 LiFePO₄正极材料。Park 等[163]以活性炭为热源，将反应物前驱体置于其中，在 650 W 的微波炉中加热几分钟就得到了 LiFePO₄。该样品虽然含有少量杂质，但仍具有较好的电化学性能，在 0.1C 下的首次放电容量为 151 mA·h/g。以碳为热源，不需要保护气体，流程简单，耗时短。

微乳液法：Myung 等[164]将 LiNO₃、Fe(NO₃)₃·9H₂O 和 (NH₄)₂HPO₄ 按照 1:1:1 配制成溶液，然后将该溶液与油相液混合形成 W/O 型乳液，乳液干燥后得前驱体，将前驱体在箱式炉(含一定量的空气)中燃烧一定时间，然后将得到的粉末在管式炉中(氩气气氛)继续热处理，最后所得 LiFePO₄/C 的导电率为 10⁻⁴ S/cm，在 11C 倍率下的放电容量超过 90 mA·h/g。该方法利于优化产物的颗粒大小，能够形成性能良好的导电碳层。

1.4.3 LiFePO₄存在的问题及改性研究

极低的电子导电率和离子扩散速率是 LiFePO₄实用化的瓶颈。Prosini 等[177]用静电流间歇滴定技术(GITT)测试得到 LiFePO₄和 FePO₄中 Li⁺扩散系数(D_{Li})分别为

1.8×10^{-14} cm²/s 和 2.2×10^{-16} cm²/s，远低于许多其他正极材料，如 $LiCoO_2$ 的 Li^+ 扩散系数约 10^{-12} cm²/s[178]。另外，$LiFePO_4$ 的电子导电率约 10^{-10} S/cm[27]，远低于 $LiCoO_2$（10^{-3} S/cm）和 $LiMn_2O_4$（10^{-5} S/cm）[179-181] 的电子电导率。

因此，当前对 $LiFePO_4$ 改性研究的重点和热点集中在提高其电子导电性和离子扩散速率两个方面，主要途径有：①表面包覆电子导体；②表面包覆快离子导体；③离子体相掺杂改性；④细化颗粒。

1.4.3.1 表面包覆电子导体

（1）碳包覆

在 $LiFePO_4$ 中分散或包覆导电碳，一方面可以增强粒子与粒子之间的导电性，减少电极的极化；另一方面它还能阻碍颗粒长大，细化颗粒；此外还能起到还原剂的作用，防止 Fe^{2+} 的氧化。

Prosini 等[182] 先将反应物在 300℃ 下预分解，然后与高比表面积的导电炭黑混合球磨，再在 800℃ 下烧结，所得 $LiFePO_4$/C 较不加碳的 $LiFePO_4$ 的导电性大大提高；不加碳的 $LiFePO_4$ 在 1/60C 倍率下的可逆嵌锂容量仅为 120 mA·h/g，提高充放电电流后其容量迅速衰减；而 $LiFePO_4$/C 以 0.1C 的电流充放电，容量仍可达 120 mA·h/g。Ravet 等[183] 研究了两种包覆碳的方式对 $LiFePO_4$ 导电性能的影响：一种是将 $LiFePO_4$ 粉末与糖溶液混合于 700℃ 下煅烧；另一种是将反应物与有机物混合煅烧。后一种方法制备的材料在 80℃ 下充放电时的比容量可达 160 mA·h/g。Chen 等[184] 利用碳和糖作为导电剂，用不同的合成方法对 $LiFePO_4$ 进行表面改性，研究发现在加热前掺入糖得到的 $LiFePO_4$/C 性能最好。

掺碳的种类和方式对 $LiFePO_4$ 的性能影响较大，以炭黑作碳源时，碳只分散在颗粒表面与颗粒之间，由于颗粒形貌不规则，其表面不能完全被炭黑包覆；而以有机物为碳源时，由于其流动性好，它可以对颗粒的表面进行均匀包覆，并且可能渗入 $LiFePO_4$ 二次颗粒的内部，这就大大提高了 $LiFePO_4$ 颗粒的导电性，使其容量得以发挥。

（2）金属导电相包覆或掺杂

虽然碳的掺入和包覆能在一定程度上改善 $LiFePO_4$ 的导电能力，然而由于碳粉的密度小，即使掺入少量的碳也会导致 $LiFePO_4$ 的振实密度大大降低[184]。为了解决这一问题，有研究者提出在 $LiFePO_4$ 颗粒中分散或者包覆导电金属粉末。一方面，金属粉末可作为 $LiFePO_4$ 晶体的生长核心，这样制备的材料粒度小；另一方面，由于金属粉末均匀地分散在材料的颗粒之间，起到了电子导体的作用，这将有助于提高材料的导电率。

Croce[185] 等制备了颗粒细小均匀的 $LiFePO_4$/Cu 和 $LiFePO_4$/Ag 复合材料。结果表明，复合材料的放电比容量较纯 $LiFePO_4$ 提高了约 25 mA·h/g。米常焕等人[186] 分别用共沉淀法和溶胶-凝胶法制备了 $LiFePO_4$/(Ag + C) 复合材料，结果发现两种方法制备的 $LiFePO_4/(Ag+C)$ 在 0.5C 倍率下的放电比容量(共沉淀法为 160.2 mA·h/g,溶胶 – 凝胶法为 162.1 mA·h/g)均高于未添加 Ag 的 $LiFePO_4$(153.4 mA·h/g)。

(3)导电高分子包覆或复合

导电高分子复合或许将成为碳包覆之外的另一条途径。黄云辉等[187]采用原位电沉积和原位化学聚合法制备了 $LiFePO_4$——导电高分子复合材料,用导电高分子取代炭黑和黏结剂,材料的倍率性能也得到了大幅度提高,其 10C 时的充放电容量达到理论容量的 90%。Yang 等[188]制备了导电高分子—$LiFePO_4$ 复合材料($LiFePO_4/C$ – PPy),结果发现导电高分子极大地改善了 $LiFePO_4$ 的电化学性能,$LiFePO_4/C$ – PPy 在 1C、5C、10C 和 20C 下(20℃)的放电比容量分别为 145 mA·h/g、132 mA·h/g、121 mA·h/g 和 115 mA·h/g。

1.4.3.2 表面包覆快离子导体

在 $LiFePO_4$ 颗粒表面包覆一层快离子导体来改善离子传输也是提高其电化学性能的有效方法。MIT 的 Ceder 等[189]通过控制化学计量比制备了具有快 Li^+ 导体(Li_3PO_4、Fe_2P 和 $Li_4P_2O_7$)表面相的 $LiFePO_4$,该材料拥有极其优异的倍率性能:可以在 10~20 s 内完成放电,2C 倍率下的放电比容量达 166 mA·h/g;50C 倍率(72 s)下可以放电 136 mA·h/g(理论值的 80%);甚至在 400C 倍率(9 s)下,仍可放电 60 mA·h/g。若以该材料制备电池,其功率密度可达到 25 kW/L(400C),与超级电容器相当,甚至更高,而其能量密度更是比超级电容器高 1~2 个数量级。Ceder 等认为,电解质和 $LiFePO_4$ 正极之间的 Li^+ 交换可以在 $LiFePO_4$ 颗粒表面的任意处进行,而 Li^+ 在 $LiFePO_4$ 体相内的传输则是按一维通道(010)方向进行的,所以从晶体表面到(010)面的扩散速率至关重要;而该材料表面形成的无定形快 Li^+ 导体层相弥补了 $LiFePO_4$ 材料各向异性的不足,提高了从晶体表面到(010)面的 Li^+ 传输速度。然而,Ceder 等的结果一经报道就立即引起了 Zaghib 和 Goodenough 等专家的强烈质疑[190]。

1.4.3.3 离子体相掺杂

上面提到的用碳或其他导电相对 $LiFePO_4$ 进行包覆处理,只是在 $LiFePO_4$ 颗粒表面包覆一层导电剂,这种方法虽然提高了粒子之间的导电性,但并不能提高 $LiFePO_4$ 晶体内部的导电性,而离子体相掺杂的作用是在晶体内部产生自由电子或空穴,从而提高材料的本征电导率。

MIT 的 Chiang 等[27]首先提出用少量金属元素取代部分锂,形成 $Li_{1-x}M_xFePO_4$(M = Mg、Al、Zr、Ti、Nb)形式的固溶体,来达到改善电化学性能的目的。结果发现,所有掺杂样品的电导率都超过 10^{-3} S/cm(未掺杂 $LiFePO_4$ 的电导率为 10^{-10} S/cm)。TIAX 研究小组[191]重复了 MIT 的工作,发现掺 1% Nb 的

$LiFePO_4$ 比未掺杂 $LiFePO_4$ 的电导率提高了 10 倍，而掺 Zr 的 $LiFePO_4$ 虽然能够有效地改变原子结构，却不能改变电导率。Wang 等[192] 通过 Ni、Co 和 Mg 对 $LiFePO_4$ 进行掺杂得到 $LiFe_{0.9}M_{0.1}PO_4$（M = Ni、Co、Mg）材料，研究发现掺 Ni、Co 和 Mg 的样品在 10C 倍率下的首次放电比容量分别为 81.7 mA·h/g、90.4 mA·h/g 和 88.7 mA·h/g，循环 100 次时的容量保持率达 95%；而未掺杂和掺碳的 $LiFePO_4$ 首次放电比容量仅为 53.7 mA·h/g 和 54.8 mA·h/g，循环 100 次后的容量保持率仅 70%。Shi 等[193] 通过 Cr 取代 $LiFePO_4$ 中的 Li 位，发现掺杂后的 $Li_{1-3x}Cr_xFePO_4$（x = 0.01 和 0.03）导电性能得到提高。Amin 等[194] 通过研究 Si 掺杂 $LiFePO_4$ 的单晶，发现 Si 掺杂以后材料的离子导电性提高了，但是电子导电性却下降。

1.4.3.4 细化颗粒

由于锂离子在 $LiFePO_4$ 中的扩散速率很慢，而 $LiFePO_4$ 颗粒粒径的减小有利于缩短 Li^+ 在材料中扩散的路径，提高 Li^+ 的扩散能力，最终达到提高 $LiFePO_4$ 正极材料的电性能的目的。现在人们已经逐渐意识到，通过优化合成工艺来控制材料的粒径是改善 $LiFePO_4$ 电化学性能的关键。特别是对于功率型的动力电池，更是具有重要的实际意义。

其实，早在 2001 年 Yamada 等[153] 就提出降低焙烧温度、减小粒径是解决 $LiFePO_4$ 材料中 Li^+ 扩散受限的方法有效，他们在 550℃ 下合成的样品的放电比容量达到理论容量的 95%。Prosini 等人[195] 采用氧化还原的方式，先用 H_2O_2 氧化 Fe^{2+} 得到 $FePO_4$，然后在 550℃ 下处理得到了 100 ~ 150 nm 的 $LiFePO_4$，该样品在 0.1C 下放电得到 150 mA·h/g 以上的比容量，在 2C 倍率下放电比容量也达到 130 mA·h/g 左右。Kim 等[196] 通过多羟基化合物工艺制备了粒径为 20 ~ 50 nm 的 $LiFePO_4$ 颗粒，以 0.1 mA/cm^2 的电流密度充放电，其首次放电比容量达 166 mA·h/g，循环 50 次后的比容量仍为 163 mA·h/g，甚至在 30C 和 60C 的高倍率下放电，其容量保持率也能达到 58% 和 47%，表现出极好的电化学性能。

1.4.4 $LiFePO_4$ 的应用进展

近年来，新能源汽车迅速发展，对动力电池的需求随之增大，动力电池产业已经成为世界各国竞相发展的新兴战略性产业。作为汽车生产大国的日本，视发展锂离子电池汽车为应对金融危机的战略选择，丰田、本田、日产纷纷扩大量产计划；美国总统奥巴马在 2009 年时也宣布投资 24 亿美元，用于锂离子电池的开发研究。由此可见，新一轮以锂离子电池作为替代能源的新能源汽车的旋风正在刮起，锂离子电池将成为车商新宠[197]。

对于锂离子电池来说，正极材料是决定其电化学性能、安全性能以及价格成本的关键因素。目前用于锂离子动力电池的正极材料主要有磷酸铁锂、锰酸锂、锂镍钴锰氧三元材料以及锂镍钴铝等，其中磷酸铁锂由于具有优异的安全性能和循环性能，以及资源丰富等特点，已成为未来动力电池的首选，其发展潜力不可限量。目前已有 A123、Valence、ATL 以及比亚迪等公司生产磷酸铁锂锂离子电池用于纯电动车或混合动力车[198]。如 A123 于 2010 年底为一款名为"Buckeye Bullet Venturi"的电动汽车提供动力电源（磷酸铁锂电池），该车以 468 km/h 的速度，创造了全球电动车的时速纪录[199]。在国内，奇瑞也将在近期内向市场推出一款代号为 M1 的纯电动车，该车搭载了 336 V/40 kW 的大功率电驱动系统，配备了 60 A·h 的高性能磷酸铁锂电池，行驶速度与续航里程均超过 100 km[200]。

由于国内外磷酸铁锂动力电池才刚刚起步，市场仍在孕育阶段，但一旦电动汽车或混合动力汽车走向成熟，磷酸铁锂的需求将出现井喷，这为磷酸铁锂的发展带来了巨大的机遇与挑战。

1.5　研究目的和研究内容

人类社会的发展与能源、资源以及环境密切相关。社会的发展需要消耗能源和资源，而人类在消耗能源和资源的同时又会不可避免地对环境造成污染。因此，开发新能源、合理利用资源以及减小环境污染是人类面临的三大难题。

在开发新能源的过程中，锂离子电池作为新一代的清洁环保能源越来越受到重视。对于锂离子电池来说，正负极材料是决定其电化学性能、安全性能以及价格成本的关键因素。近年来，尖晶石结构的 $Li_4Ti_5O_{12}$ 因具有优异的结构稳定性和安全性能，以及快速脱嵌锂的能力，被认为是一种很好的高功率锂离子电池和非对称混合电池负极材料；而 $LiFePO_4$ 由于具有优异的安全性能和循环性能，以及资源丰富等特点，被普遍认为是锂离子动力电池的首选正极材料。钛酸锂和磷酸铁锂性能的好坏在很大程度上决定于其前驱体，目前制备这两种材料的前驱体大多为化学纯或分析纯的钛盐和铁盐。这些高纯钛盐和铁盐大部分是由矿石经过一系列的除杂工序获得，而用这些高纯原料制备高性能钛酸锂和磷酸铁锂时又需添加一些对其电化学性能有益的掺杂元素（如 Mg、Mn、Al 等），这些掺杂元素大多在天然矿物中就存在，从而导致流程重复，成本大大增加。因此，直接利用矿物（或废料）制备锂离子电池电极材料的前驱体是降低其生产成本的有效方法。

另一方面，世界钛铁矿资源的储量大，分布广。目前，人们主要是利用钛铁矿中的钛元素生产钛白、海绵钛和人造金红石等，而其他元素如铁、镁、铝、锰等都没有得到很好的利用，这不仅浪费了资源，而且也会对环境造成严重污染。随着资源的日益缺乏和环境问题的日渐突出，加快研发综合利用矿物中各种元素的新技术、新工艺已成为矿物利用的必然趋势。

针对上述科学问题，本书提出了综合利用钛铁矿制备锂离子电池负极材料钛酸锂和正极材料磷酸铁锂前驱体的新思想，并围绕钛铁矿（包括钛白副产品硫酸亚铁废渣）的综合利用，钛酸锂和磷酸铁锂及其前驱体（包括中间产品）的结构及性能等方面进行研究，主要内容如下：

（1）钛铁矿中各元素定向分离的工艺及机理

选择合理的方法对钛铁矿中的各元素进行定向分离。从理论上计算与分析钛铁矿酸浸的必要条件和浸出方式，以及 Ti(Ⅳ) 在氯盐溶液中的存在形式及水解条件。探索机械活化钛铁矿的机理，优化机械活化和浸出的工艺条件。拟达到选择性浸出的效果，即让 Ti 和 Si 元素富集在渣中，Fe 和其他杂质元素富集在浸出液中。

（2）富钛渣定向净化制备特殊形貌的过氧钛化合物、TiO_2 及 $Li_4Ti_5O_{12}$

选择合适的配位剂，拟用一种全新的方法对富钛渣中的 Ti 进行选择性配位浸出。分析配位浸出的原理，优化配位浸出工艺，并对选择性配位浸出的效果进行评价。以配位浸出液为原料，制备不同形貌的过氧钛化合物，研究添加剂对产物形貌及杂质含量的影响，探讨控制结晶的原理。以过氧钛化合物为原料制备特殊形貌、高纯度的 TiO_2，以过氧钛化合物为前驱体制备锂离子电池负极材料 $Li_4Ti_5O_{12}$，并对它们的物相、结构、形貌及电化学性能进行研究。

（3）钛铁矿浸出液定向净化制备 $LiFePO_4$ 及其前驱体

从理论上分析钛铁矿浸出液定向净化的可行性，选择合适的沉淀剂，通过选择性沉淀制备含少量金属杂质离子的磷酸铁锂前驱体，优化工艺条件。以上述前驱体为原料制备金属元素掺杂的 $LiFePO_4$，并通过研究它们的电化学性能对本工艺的稳定性进行评价。研究最优条件下制备的 $LiFePO_4$ 的物相、结构、电化学性能以及电极动力学，研究杂质元素对 $LiFePO_4$ 微区结构及组元分布的影响。

（4）Ti、Al 及 Ti - Al 掺杂 $LiFePO_4$ 的结构、性能及掺杂机理

详细研究 Ti、Al 及 Ti - Al 掺杂对 $LiFePO_4$ 的物相、结构、形貌、微区组元分布以及电化学性能的影响，确定最佳掺杂量。用 Rietveld 方法对 XRD 进行精修，研究 Ti、Al 及 Ti - Al 掺杂的机理（如原子掺杂位置、占位率和缺陷补偿机理等），对单掺杂和双掺杂的异同进行对比研究。分析 Ti、Al 及 Ti - Al 掺杂对 $LiFePO_4$ 电极动力学的影响，测定它们的锂离子扩散系数和交换电流密度。

（5）钛白副产硫酸亚铁定向净化制备 $LiFePO_4$ 及其前驱体

以钛白副产硫酸亚铁废渣为原料，选择合适的沉淀剂，通过定向净化制备含少量金属杂质离子的磷酸铁锂前驱体。以上述前驱体为原料制备多元金属掺杂的 $LiFePO_4$，并对其结构、形貌、表面成分、电化学性能以及电极动力学进行研究。

整体工艺流程见图 1 - 4。

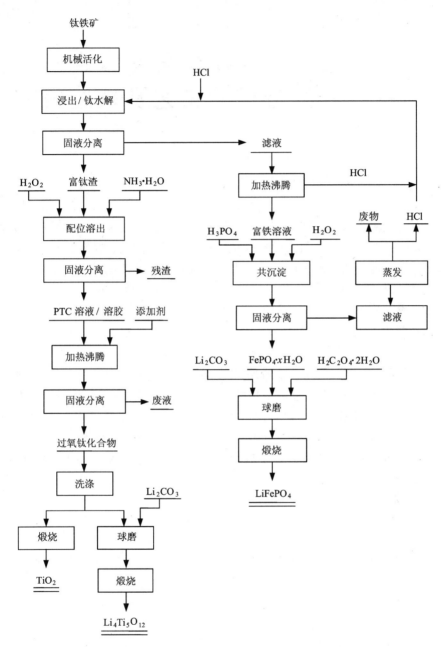

图 1-4　综合利用钛铁矿制备 TiO$_2$、Li$_4$Ti$_5$O$_{12}$ 和 LiFePO$_4$ 的总工艺流程图

第 2 章　钛铁矿中各元素定向分离的工艺及机理研究

2.1　引言

　　利用多元材料化冶金的新思路，拟综合利用钛铁矿资源制备钛系和铁系两类电池材料，这两类电池材料对原料的纯度要求较高，因此，选择一套合适的方法将钛、铁及其他杂质分离是研究的重点。钛铁矿的预处理及浸出方法直接决定了后续分离工艺的选择，若在浸出过程中能直接使某些元素（如钛、铁、镁等）得到分离，将大大缩短整个工艺流程。

　　目前已报道的浸出方法中，一般都先将钛铁矿在高温下进行预氧化或（和）预还原处理，然后再进行浸出。如 Kahn[63] 和 Balderson[63] 等先将部分（或全部）Fe（Ⅱ，Ⅲ）还原成单质 Fe，然后用酸将其浸出，从而使 Fe 与 TiO_2 得到分离；Becher[64] 先将 Fe（Ⅱ，Ⅲ）还原成单质 Fe，然后在含氧的氯化铵溶液中将 Fe 进行锈蚀，从而达到 Ti 和 Fe 分离的效果；Sinha[66, 67] 将钛铁矿弱氧化、还原后将其用盐酸浸出，使得 Fe 与 TiO_2 得到分离。上述方法虽然能将钛铁分离，但都需要高温预处理，而且浸出通常在高压下进行，工艺流程复杂，所得 TiO_2 颗粒粗大，含硅高且难以用湿化学方法除去，不适合作为钛系电池材料的前驱体。近年来，许多研究者致力于机械活化—酸浸钛铁矿的研究，如 Sasikumar 等[54, 201] 研究了印度 Orissa 砂矿型钛铁矿的机械活化—硫酸浸出，Chen[202-204] 和 Welham 等[205] 研究了澳大利亚砂矿型钛铁矿的机械活化—硫酸浸出，Li 和 Liang 等[53, 94, 206] 研究了攀枝花岩矿型钛铁矿的机械活化—硫酸常压浸出，上述方法工艺流程简单，但钛和铁同时被浸出，没有达到良好的分离效果。但是，王曾洁[207]、Li 和 Liang 等[208] 在改用盐酸作浸出剂后，上述机械活化—浸出工艺使得钛和铁元素达到了很好的分离效果。

　　采用机械活化—盐酸常压浸出工艺对钛铁矿中的各元素进行定向分离。本章首先从理论上分析了钛铁矿酸浸和 Ti（Ⅳ）离子水解的必要条件，并以此为指导，研究了酸浓度、酸用量、温度、机械活化等对钛铁矿浸出—Ti（Ⅳ）水解的影响，最终将 Ti 和 Si 富集在渣中，而 Fe、Mg、Mn、Al 和 Ca 等富集在浸出液中，从而在浸出过程中就直接将 Ti 与大部分杂质分离，达到了定向分离的效果，并为后续钛系及铁系材料的制备提供了初始原料,即水解钛渣和富铁浸出液。此外,还初步研究了机械活化钛铁矿的机理。

2.2 实验

2.2.1 实验原料

实验原料为攀枝花钢铁有限责任公司钛业分公司生产的钛精矿,矿粉的主要化学组成见表 2 – 1,XRD 物相分析见图 2 – 1,粒度分布见图 2 – 2。

表 2 – 1 钛铁矿的化学组成(质量分数)/%

TiO_2	Fe_T	FeO	Fe_2O_3	MgO	SiO_2	Al_2O_3	CaO	MnO_2
47.60	30.57	32.81	7.25	5.64	3.35	1.66	0.70	0.663

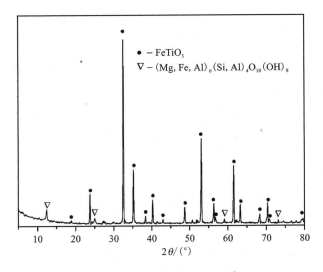

图 2 – 1 钛铁矿的 XRD 图谱

2.2.2 实验设备

机械活化装置:ND7 – 2L 变频行星式球磨机(南京南大天尊电子有限公司),采用 500 mL 的不锈钢球磨罐,每个球磨罐装有直径为 20 mm、10 mm 和 5 mm 的不锈钢球,球的总质量为 500 g,其中 $\phi20:\phi10:\phi5 = 250$ g:200 g:50 g。

浸出的装置见图 2 – 3。浸出在常压下进行,反应器为三口圆底烧瓶(容积 1 L),为防止盐酸和水分的蒸发,在三口烧瓶的一口上安装冷凝回流管,一口上

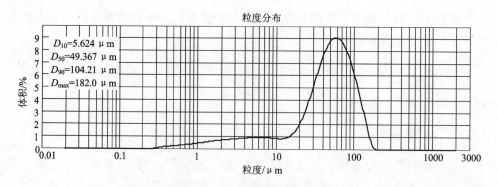

图 2 - 2　钛铁矿的粒度分布图

安装温度计，另一口在加料完成后用塞子密封。将三口烧瓶置于带磁力搅拌的恒温油浴槽中进行搅拌浸出。

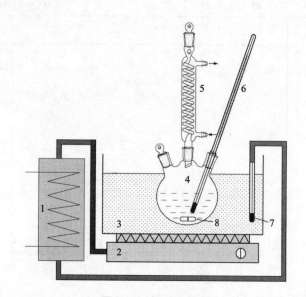

图 2 - 3　实验装置图

1—温度控制器；2—磁力搅拌器；3—油浴槽；4—三孔圆底烧瓶；
5—冷凝回流管；6—温度计；7—热电偶；8—磁力搅拌子

2.2.3　实验流程

机械活化：按一定的球料比（钢球∶钛铁矿 = 10∶1、20∶1、30∶1 和 40∶1）将钛铁矿粉置于不锈钢罐中，设定球磨机的转速为 200 r/min，矿粉在常压和空气气氛中活化一定的时间（0.25 h、0.5 h、1 h、2 h 和 3 h）后取出备用。

浸出及分离：称取 40 g 活化后的钛铁矿粉并置入三口烧瓶中，加入一定量
（$HCl_{100\%}$：矿粉质量 $= 0.9:1$、$1.2:1$、$1.5:1$ 和 $1.8:1$）和一定浓度（15%、20%、
25% 和 30%）的盐酸，迅速加热至指定温度（80℃、90℃、100℃、110℃，误差
± 2℃），浸出一定时间（0.25 h、0.5 h、1 h、2 h 和 3 h）后立即冷却、抽滤。将滤
液定容至 250 mL，检测各元素的含量；将滤饼用 5% 盐酸洗涤 3 次后在 100℃下
干燥 12 h，研磨均匀，部分样品在空气中 800℃下煅烧 4 h，研磨后留待检测。

2.2.4　元素定量分析

2.2.4.1　铁元素的测定

采用重铬酸钾滴定法（$SnCl_2$ – $HgCl_2$ 测铁法）[209]测定浸出液中的铁含量。

配制溶液：0.01667 mol/L 的 $K_2Cr_2O_7$ 标准溶液，10% 的 $SnCl_2$ 水溶液，5% 的
$HgCl_2$ 水溶液，二苯胺磺酸钠指示剂（0.2% 的水溶液），硫 – 磷混酸（$V_{浓硫酸}:V_{浓磷酸}:$
$V_水 = 1.5:1.5:7$）。

分析步骤：用移液管移取 2 ~ 5 mL 浸出液于 250 mL 锥形瓶中，平行三份。分
别加入 10 mL 浓 HCl，盖上表面皿后，在电炉上加热至沸腾，用少量水吹洗表面
皿和锥形瓶内壁，然后马上滴加 10% 的 $SnCl_2$ 溶液还原 Fe（Ⅲ）至黄色刚好消失，
再过量滴入 1 ~ 2 滴，迅速用水冷却至室温后，立即加入 5% 的 $HgCl_2$ 溶液 10 mL，
摇匀，放置 2 ~ 3 min，此时应有白色絮状的 Hg_2Cl_2 沉淀（无白色沉淀或生成黑色沉
淀均应弃去重做），加入 80 mL 水，然后加入 15 mL 硫磷混酸，滴加 5 ~ 6 滴二苯
胺磺酸钠指示剂后，立即用 $K_2Cr_2O_7$ 标准溶液滴定至溶液呈现稳定的紫色，即为
终点。

$$W_{Fe} = \frac{6c_{K_2Cr_2O_7} \times V_{K_2Cr_2O_7} \times M_{Fe}}{V_{浸出液}}(g/L) \qquad (2-1)$$

式中：W_{Fe} 为铁含量，g/L；$c_{K_2Cr_2O_7}$ 为 $K_2Cr_2O_7$ 标准溶液的浓度，mol/L；$V_{K_2Cr_2O_7}$ 为标
定时消耗 $K_2Cr_2O_7$ 标准溶液的体积，mL；M_{Fe} 为 Fe 的摩尔质量，55.85 g/mol；
$V_{浸出液}$ 为浸出液的体积，mL。

2.2.4.2　钛元素的测定

采用硫酸高铁铵滴定法[210]测定浸出渣中的钛含量。

硫酸高铁铵标准溶液[$c_{Fe^{3+}} \approx 0.03$ mol/L]的配制与标定：称取 14.47 g 硫酸
高铁铵（$NH_4Fe(SO_4)_2 \cdot 12H_2O$），溶于 200 mL 水中，慢慢加入 50 mL 硫酸，加热
溶解，用水定容至 1 L，混匀。

标定：用 2.2.4.1 中测定铁元素的方法对硫酸高铁铵进行标定，得到 f 如下：

$$f = \frac{6c_{K_2Cr_2O_7} \times V_{K_2Cr_2O_7}}{V_1 \times 1000} \times M_{Ti} \qquad (2-2)$$

式中：f 为与 1.00 mL 硫酸高铁铵标准溶液相当的以克表示的钛的质量；$c_{K_2Cr_2O_7}$ 为 $K_2Cr_2O_7$ 标准溶液的浓度，mol/L；$V_{K_2Cr_2O_7}$ 为标定时消耗 $K_2Cr_2O_7$ 标准溶液的体积，mL；V_1 为吸取硫酸高铁铵标准溶液的体积，mL；M_{Ti} 为 Ti 的摩尔质量，47.87 g/mol。

分析步骤：称取 0.05 ~ 0.1 g 试样（钛水解渣）于 250 mL 锥形瓶中，加入 10 ~ 15 mL 浓硫酸，加热沸腾至钛完全溶解，冷却；加入 25 mL 盐酸、20 mL 硫酸（1 + 1），用水稀释至约 150 mL，摇匀，稍加热后，加入 1 g 左右铝片至 Fe(Ⅲ) 的黄色消失，再加 0.5 g 铝片，至反应缓慢后，盖上带有导管的橡皮塞，另一端通入饱和碳酸氢钠溶液中，加热煮沸至液面小气泡消失，继续加热 5 min。冷却至室温后，取下橡皮塞，加入 15 mL 饱和硫酸铵溶液，10 mL 400 g/L 硫氰酸钾溶液，然后用硫酸高铁铵标准溶液迅速滴定至红色出现，即为滴定终点。

$$W_{Ti} = f \cdot V/m \times 100\% \qquad (2-3)$$

式中：W_{Ti} 为钛含量，%；f 为与 1.00 mL 硫酸高铁铵标准溶液相当的以克表示的钛的质量；V 为标定时消耗 $K_2Cr_2O_7$ 标准溶液的体积，mL；m 为称取试样的质量，g。

2.2.4.3　杂质元素的测定

采用电感耦合等离子体原子发射光谱（ICP – AES，IRIS intrepid XSP，Thermo Electron Corporation）测定样品中杂质元素的含量，如 Mg、Ca、Si、Al、Mn、Fe 和 Ti 等。

2.2.5　物相及结构分析

X 射线粉末衍射分析技术（XRD）是利用 X 射线在样品中的衍射现象对材料的结构进行表征。根据衍射峰的强度和位置，可以定性分析粉末样品的晶体结构。本书采用日本 Rigaku 公司生产的 X 射线衍射仪对材料的物相和结构进行分析。测试条件：CuK_α 辐射（$\lambda = 1.54056$ Å），工作电压 40 kV，电流 300 mA，采用连续扫描，扫描范围 2θ 为 10° ~ 90°，步宽 0.02°，扫描速度 10°/min。

利用 Fullprof 软件，用 Rietveld 全谱拟合法对样品的晶胞常数进行精修。

2.2.6　形貌分析

扫描电子显微镜（SEM）是由电子枪发射电子并经过聚焦的电子束在样品表面逐点扫描，使样品表面各点顺序激发，并采用逐点成像的方法，把样品表面的不同特征，按顺序、成比例地转换为视频信号，完成一幅图像，从而在荧光屏上得到与样品表面形貌特征相对应的特征图像。

实验采用 JEOL 公司的 JSM6380 扫描电子显微镜观察样品的形貌，电子加速电压为 20 kV。

2.2.7　表面成分分析

采用美国 EDAX Inc. 公司制造的 EDX - GENESIS 60S 能谱仪检测样品的表面成分。能谱仪主要用来分析材料表面微区的成分，分析方式有定点定性分析、定点定量分析、元素的线分布、元素的面分布，其基本原理是通过发射的电子束在选定的区域内作扫描运动，受电子打击的表面元素吸收电子，放出能量不同的射线，再通过附加在扫描电镜上的能谱仪接收和分析，就可以给出表面成分分布等信息。

2.2.8　粒径分析

粒径分析的原理是依据不同大小的颗粒对入射激光产生不同强度的散射光，再将不同强度的散射光经一定的光学模型的数学程序进行处理，以测定材料的颗粒大小与分布。测试结果一般用中径粒径 D_{50} 表示平均粒径，用 $D_{90} \sim D_{10}$ 表示产物的集中度。研究首先将样品在 KQ - 100 型超声波仪（昆山市超声仪器有限公司）中分散 15 s，再采用英国 Malvern Instruments Ltd. 公司生产的 Mastersizer 2000 激光粒度测定仪对材料的粒度进行表征。

2.3　理论分析

2.3.1　热力学分析

湿法冶金是在溶液中分离提取金属的方法，它与物质在溶液中的离子平衡密切相关，而影响这些平衡的因素有 pH、氧化还原电势、组分活度（或浓度）、温度和压力等。用平衡图表征体系的平衡状态与各因素的关系需要多维坐标，为简化起见，通常固定某些参数而研究主要因素的影响，其中最主要的因素为氧化还原电势、pH 和离子浓度。在固定温度、压力和离子浓度等参数的情况下，用 $E - \text{pH}$ 图研究了 $Ti - H_2O$、$Fe - H_2O$ 和 $Ti - Fe - H_2O$ 体系的平衡条件，并用来指导钛铁矿的浸出。

在金属 - 水体系中，反应可分为 3 种类型[211]：

（1）有 H^+ 参加但无氧化还原过程（即无电子转移）：

$$a\text{A} + n\text{H}^+ \Longrightarrow b\text{B} + c\text{H}_2\text{O} \qquad (2-4)$$

令 H^+ 活度为 1，则平衡方程式为：

$$\text{pH} = \frac{-\Delta_r G_{m(2\sim4)}^{\ominus}}{2.303nRT} - \frac{1}{n}\lg\frac{a_{\text{B}}^b}{a_{\text{A}}^a} \qquad (2-5)$$

（2）有氧化还原过程（有电子转移），但无 H^+ 参加：

$$aA + ze \rule[0.5ex]{1em}{0.4pt}\!\!\!= bB \qquad (2-6)$$

其电位计算公式:

$$\varphi = \frac{-\Delta_r G^{\ominus}_{m(2\sim6)}}{zF} - \frac{0.0591}{z} \lg \frac{a_B^b}{a_A^a} \qquad (2-7)$$

(3)有 H^+ 参加,同时有电子转移:

$$aA + nH^+ + ze \rule[0.5ex]{1em}{0.4pt}\!\!\!= bB + cH_2O \qquad (2-8)$$

其电位计算公式:

$$\varphi = \frac{-\Delta_r G^{\ominus}_{m(2\sim8)}}{zF} - \frac{0.0591}{z} \lg \frac{a_B^b}{a_A^a} - \frac{0.0591n}{z}\text{pH} \qquad (2-9)$$

为了方便 $E-\text{pH}$ 图的绘制,作如下假设:

(1)在 $Ti-Fe-H_2O$ 系中,TiO^{2+}、TiO_2^{2+}、Ti^{3+}、Fe^{2+} 和 Fe^{3+} 在溶液中能稳定存在,且不考虑其配合作用;

(2)不考虑 Ti^{2+},因其在水溶液中不能稳定存在[212];

(3)在溶液中直接生成的 TiO_2 和 Ti_2O_3 是以水合态的形式存在,即 $TiO_2(c,h)$ 和 $Ti_2O_3(c,h)$,将它们在高温下加热才会生成无水 $TiO_2(c)$ 和 $Ti_2O_3(c)$,因此不考虑无水 $TiO_2(c)$ 和 $Ti_2O_3(c)$;

(4)以离子浓度代替离子活度。

基于上述三类反应和四点假设,根据各体系的平衡反应,查阅相关热力学数据便可得到金属$-H_2O$ 体系中的各平衡反应方程式。

表 2-2 列出了 $Ti-Fe-H_2O$ 系的主要反应组分在 298.15K 时的标准摩尔生成吉布斯自由能,本章热力学计算所需数据均取自于此表。

表 2-2　Ti-Fe-H₂O 体系中各反应组分在 298.15K 时的标准摩尔生成吉布斯自由能

物质	$\Delta G^{\ominus}_{f,298K}/(kJ \cdot mol^{-1})$	物质	$\Delta G^{\ominus}_{f,298K}/(kJ \cdot mol^{-1})$
$H_2O(1)$	-237.178[212]	Fe	0[215]
$Ti^{3+}(aq)$	-349.782[212]	$Fe^{2+}(aq)$	-84.85[215]
$TiO^{2+}(aq)$	-577.392[212]	$FeO(c)$	-25.665[215]
$TiO_2^{2+}(aq)$	-467.227[212]	$Fe(OH)_2(c)$	-466.36[215]
$HTiO_3^-(aq)$	-955.877[212]	$HFeO_2^-(aq)$	-378.82[215]
$TiO_2(c,h)$	-821.3[212]	$Fe^{3+}(aq)$	-10.575[215]
$Ti_2O_3(c,h)$	-1388[212]	$Fe_3O_4(c)$	-1013.2[215]
$TiO_3 \cdot 2H_2O$	-1173[212]	$Fe_2O_3(c)$	-740.28[215]
$TiH_2(c)$	-4.92[212]	$Fe(OH)_3(c)$	-693.88[215]
$FeTiO_3(c)$	-1125.1[213]，-1168.757[213]	$Fe(OH)^{2+}(aq)$	-233.70[215]
	-1158.05[213]，-1277.974[214]	$FeO_4^{2-}(aq)$	-466.84[215]

注:(c)为无水化合物,(c,h)为含水化合物,(g)为气态,(l)为液态,(aq)为水溶态物质。

2.3.1.1　Ti-H$_2$O 体系的 E-pH 图

Ti-H$_2$O 系中主要考虑的物质有：Ti^{3+}、TiO^{2+}、TiO_2^{2+}、TiO_2、Ti_2O_3、$TiO_3 \cdot 2H_2O$、$HTiO_3^-$ 和 TiH_2，体系中相关的平衡反应及对应的 Nernst 方程式列于表 2-3，据此绘制的 E-pH 图，见图 2-4。

表 2-3　Ti-H$_2$O 体系的主要平衡反应方程式和在 298.15K 下的 Nernst 方程式

	化学反应式	Nernst 方程式
1	$2Ti^{3+} + 3H_2O \Longleftrightarrow Ti_2O_3(c, h) + 6H^+$	$pH = 0.6867 - 0.3333\lg[Ti^{3+}]$
2	$TiO^{2+} + H_2O \Longleftrightarrow TiO_2(c, h) + 2H^+$	$pH = -0.590 - 0.5\lg[TiO^{2+}]$
3	$TiO_2(c, h) + H_2O \Longleftrightarrow HTiO_3^- + H^+$	$pH = 17.969 + \lg[HTiO_3^-]$
4	$TiO_3 \cdot 2H_2O + 2H^+ \Longleftrightarrow TiO^{2+} + 3H_2O$	$pH = 0.5046 - 0.5\lg[TiO^{2+}]$
5	$TiO_2^{2+} + 2e \Longleftrightarrow TiO_2(c, h)$	$E = 1.835 + 0.0296\lg[TiO^{2+}]$
6	$Ti^{3+} + 2H^+ + 5e \Longleftrightarrow TiH_2(c)$	$E = -0.715 + 0.0118\lg[Ti^{3+}] - 0.0237pH$
7	$Ti_2O_3(c, h) + 10H^+ + 10e \Longleftrightarrow 2TiH_2(c) + 3H_2O$	$E = -0.691 - 0.0591pH$
8	$TiO^{2+} + 2H^+ + e \Longleftrightarrow Ti^{3+} + H_2O$	$E = 0.1012 + 0.0591\lg([TiO^{2+}]/[Ti^{3+}]) - 0.1183pH$
9	$TiO_2(c, h) + 4H^+ + e \Longleftrightarrow Ti^{3+} + 2H_2O$	$E = 0.0317 - 0.0591\lg[Ti^{3+}] - 0.2364pH$
10	$2TiO_2(c, h) + 2H^+ + 2e \Longleftrightarrow Ti_2O_3(c, h) + H_2O$	$E = -0.0904 - 0.0591pH$
11	$TiO_3 \cdot 2H_2O + 2H^+ + 2e \Longleftrightarrow TiO_2(c, h) + 3H_2O$	$E = 1.8647 - 0.0591pH$
12	$TiO_3 \cdot 2H_2O + 4H^+ + 2e \Longleftrightarrow TiO^{2+} + 4H_2O$	$E = 1.8298 - 0.1182pH - 0.0296\lg[TiO^{2+}]$
14	$TiO_2^{2+} + 2H^+ + 2e \Longleftrightarrow TiO^{2+} + H_2O$	$E = 1.800 - 0.0591pH + 0.0296\lg([TiO_2^{2+}]/[TiO^{2+}])$
15	$TiO_3 \cdot 2H_2O + H^+ + 2e \Longleftrightarrow HTiO_3^- + 2H_2O$	$E = 1.333 - 0.0296pH - 0.0296\lg[HTiO_3^-]$
16	$2HTiO_3^- + 4H^+ + 2e \Longleftrightarrow Ti_2O_3(c, h) + 3H_2O$	$E = 0.973 - 0.1183pH + 0.0591\lg[HTiO_3^-]$
17	$TiO_2^{2+} + H_2O + 2e \Longleftrightarrow HTiO_3^- + H^+$	$E = 1.303 + 0.0296pH + 0.0296\lg([TiO_2^{2+}]/[HTiO_3^-])$
①	$2H_2O + 4e \Longleftrightarrow O_2(g) + 4H^+$	$E = 1.229 - 0.0591pH$
②	$2H^+ + 2e \Longleftrightarrow H_2(g)$	$E = -0.0591pH$

注：(c) 为无水化合物，(c, h) 为含水化合物，(g) 为气体，表中 H$_2$O 均为液态。

由图 2-4 可知，水合 TiO$_2$ 具有较大的稳定区，若降低 pH 到小于 1（即 [H$^+$] > 0.1 mol/L）时有 Ti^{3+} 产生，继续降低 pH 至小于 0（即 [H$^+$] > 1 mol/L）时则可能生成 TiO^{2+}；在较低电势下，pH < 1 时是 Ti^{3+} 的稳定区，pH > 1 时是水合 Ti$_2$O$_3$ 的稳定区；在较高电势下，pH 很低时会生成 TiO_2^{2+}，pH 较高时则生成 $TiO_3 \cdot 2H_2O$。而 $HTiO_3^-$ 作为强碱性条件下存在的钛阴离子，其平衡线在 pH = 16.97 处，因此不在 E-pH 图中体现。水溶液中 Ti 主要以 TiO^{2+}、Ti^{3+} 和 TiO$_2$(c, h) 的形态稳定存在，随着总 Ti 浓度的升高，TiO$_2$(c, h) 的稳定区增大，而 Ti^{3+} 和 TiO^{2+} 的稳定区减小。

2.3.1.2　Fe-H$_2$O 体系的 E-pH 图

Fe-H$_2$O 系中主要考虑的物质有：Fe、Fe^{2+}、Fe^{3+}、Fe$_2$O$_3$、Fe$_3$O$_4$、FeO_4^{2-} 和

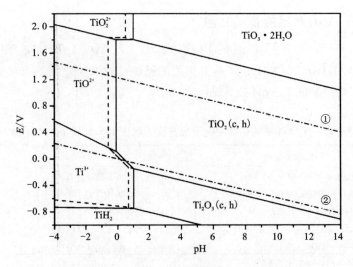

图 2 - 4 Ti - H₂O 体系的 E - pH 图

(实线：$[Ti]_T = 0.1$ mol/L；虚线：$[Ti]_T = 1$ mol/L)

$HFeO_2^-$，体系中相关的平衡反应及对应的 Nernst 方程式列于表 2 - 4，据此绘制的 E - pH 图，见图 2 - 5。

表 2 - 4 Fe - H₂O 体系的主要平衡反应方程式和在 298.15K 下的 Nernst 方程式

	化学反应式	Nernst 方程式
1	$Fe_2O_3(c) + 6H^+ \rightleftharpoons 2Fe^{3+} + 3H_2O$	$pH = -0.222 - 0.1667 lg[Fe^{3+}]$
2	$FeO(c) + 2H^+ \rightleftharpoons Fe^{2+} + H_2O$	$pH = 25.954 - 0.50 lg[Fe^{2+}]$
3	$Fe^{2+} + 2e \rightleftharpoons Fe$	$E = -0.440 + 0.0296 lg[Fe^{2+}]$
4	$Fe^{3+} + e \rightleftharpoons Fe^{2+}$	$E = 0.770 - 0.0591 lg([Fe^{2+}]/[Fe^{3+}])$
5	$Fe_3O_4(c) + 8H^+ + 8e \rightleftharpoons 3Fe + 4H_2O$	$E = -0.085 - 0.0591 pH$
6	$3Fe_2O_3(c) + 2H^+ + 2e \rightleftharpoons 2Fe_3O_4(c) + H_2O$	$E = 0.221 - 0.0591 pH$
7	$Fe_2O_3(c) + 6H^+ + 2e \rightleftharpoons 2Fe^{2+} + 3H_2O$	$E = 0.728 - 0.1787 pH - 0.0296 lg[Fe^{2+}]$
8	$Fe_3O_4(c) + 8H^+ + 2e \rightleftharpoons 3Fe^{2+} + 4H_2O$	$E = 0.980 - 0.237 pH - 0.0296 lg[Fe^{2+}]$
9	$HFeO_2^- + 3H^+ + 2e \rightleftharpoons Fe + 2H_2O$	$E = 0.493 - 0.0888 pH + 0.0296 lg[HFeO_2^-]$
10	$3HFeO_2^- + H^+ + e \rightleftharpoons Fe_3O_4(c) + 2H_2O$	$E = 1.565 - 0.0591 pH + 0.178 lg[HFeO_2^-]$
11	$2FeO_4^{2-} + 10H^+ + 6e \rightleftharpoons Fe_2O_3(c) + 5H_2O$	$E = 1.714 - 0.0986 pH + 0.0099 lg[FeO_4^{2-}]$
12	$FeO_4^{2-} + 8H^+ + 3e \rightleftharpoons Fe^{3+} + 4H_2O$	$E = 1.700 - 0.158 pH - 0.0197 lg([Fe^{3+}]/[FeO_4^{2-}])$
①	$2H_2O + 4e \rightleftharpoons O_2(g) + 4H^+$	$E = 1.229 - 0.0591 pH$
②	$2H^+ + 2e \rightleftharpoons H_2(g)$	$E = -0.0591 pH$

由图 2 - 5 知，Fe_2O_3 具有很大的稳定区，当 $E > 0.77$ V 且 pH < 0.1 时，Fe_2O_3 会转化为 Fe^{3+}，当氧化还原电位降低时，酸性条件下生成 Fe^{2+}，而在碱性条件下

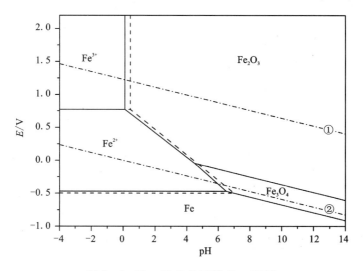

图 2 – 5　Fe – H$_2$O 体系的 E – pH 图

（实线：$[Fe]_T = 0.1$ mol/L；虚线：$[Fe]_T = 0.01$ mol/L）

则会生成 Fe$_3$O$_4$，在更低电势下被还原为金属铁。在水的稳定区域内铁主要以 Fe^{2+}、Fe^{3+}、Fe$_2$O$_3$ 和 Fe$_3$O$_4$ 的形态稳定存在。随着 Fe 总浓度的升高，Fe$_2$O$_3$ 和 Fe$_3$O$_4$ 的稳定区增大，Fe^{3+} 和 Fe^{2+} 的稳定区则减小。

2.3.1.3　Ti – Fe – H$_2$O 体系的 E – pH 图

在 Ti – Fe – H$_2$O 体系中，除了要考虑表 2 – 3 和表 2 – 4 所列出的平衡反应外，还需考虑 FeTiO$_3$ 与 Fe^{2+}、Fe^{3+}、Fe$_2$O$_3$、Fe$_3$O$_4$、TiO^{2+}、Ti$_2$O$_3$（c，h）、TiO$_2$（c，h）等组分之间的平衡，其计算结果列于表 2 – 5。综合表 2 – 3 至表 2 – 5 绘制的 Ti – Fe – H$_2$O 系 E – pH 图，见图 2 – 6。

表 2 – 5　Ti – Fe – H$_2$O 体系的主要平衡反应方程式和在 298.15K 下的 Nernst 方程

	化学反应式	Nernst 方程式
1	FeTiO$_3$（c）$+4H^+ \Longrightarrow Fe^{2+} + TiO^{2+} + 2H_2O$	pH $= -1.1175 - 0.25 \lg([Fe^{2+}][TiO^{2+}])$
2	FeTiO$_3$（c）$+2H^+ \Longrightarrow Fe^{2+} + TiO_2$（c，h）$+ H_2O$	pH $= -1.645 - 0.5 \lg[Fe^{3+}]$
3	TiO$^{2+} + Fe^{3+} + 2H_2O + e \Longrightarrow FeTiO_3 + 4H^+$	$E = 1.0377 + 0.2366 pH + 0.0591 \lg([Fe^{3+}][TiO^{2+}])$
4	TiO$_2$（c，h）$+ Fe^{3+} + H_2O + e \Longrightarrow FeTiO_3 + 2H^+$	$E = 0.970 + 0.1183 pH + 0.0591 \lg[Fe^{3+}]$
5	2TiO$_2$（c，h）$+ Fe_2O_3 + 2H^+ + 2e \Longrightarrow 2FeTiO_3 + H_2O$	$E = 0.9768 - 0.0591 pH$
6	FeTiO$_3$（c）$+6H^+ + e \Longrightarrow Fe^{2+} + Ti^{3+} + 3H_2O$	$E = -0.163 - 0.355 pH - 0.0591 \lg([Fe^{2+}][Ti^{3+}])$
7	2FeTiO$_3$（c）$+6H^+ + 6e \Longrightarrow 2Fe + Ti_2O_3$（c，h）$+3H_2O$	$E = -0.4111 - 0.0591 pH$
①	2H$_2$O $+4e \Longrightarrow O_2$（g）$+4H^+$	$E = 1.229 - 0.0591 pH$
②	2H$^+ + 2e \Longrightarrow H_2$（g）	$E = -0.0591 pH$

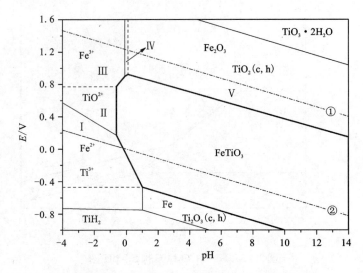

图 2 - 6　Ti - Fe - H₂O 体系的 E - pH 图

(粗实线为 FeTiO₃ 的稳定区, 细实线为 Ti - H₂O 系的平衡反应, 虚线为 Fe - H₂O 系的平衡反应;
$[Ti]_T = 0.1 \ mol/L$, $[Fe]_T = 0.1 \ mol/L$)

如图 2 - 6 所示, FeTiO₃ 具有较大的稳定区, 在水溶液不发生析氢和析氧反应的电位和 pH 范围内, 钛铁矿的浸出方式有五种:

(1)以 Ti^{3+} 和 Fe^{2+} 的形式浸出, 对应于图中的区域 Ⅰ;

(2)以 TiO^{2+} 和 Fe^{2+} 的形式浸出, 对应于图中的区域 Ⅱ;

(3)以 TiO^{2+} 和 Fe^{3+} 的形式浸出, 对应于图中的区域 Ⅲ;

(4)以 $TiO_2(c,h)$ 和 Fe^{3+} 的形式浸出, 对应于图中的区域 Ⅳ;

(5)以 $TiO_2(c,h)$ 和 Fe_2O_3 的形式浸出, 对应于图中的区域 Ⅴ。

在这五种浸出方式中, 方式(1)需加入还原剂, 如 Fe 粉等; 方式(2)所需酸度最高($pH < -0.6175$, 即$[H^+] > 4.145 \ mol/L$); 方式(3)(4)(5)需加入氧化剂, 方式(5)中两种浸出物均为固体, 不能达到浸出分离的效果。

根据上面的讨论, 由于方式(2)不需加入还原剂或氧化剂, 本研究选用此方式对钛铁矿进行浸出, 所采用的盐酸浓度高于 15%($[H^+] > 4.225 \ mol/L$)。

2.3.2　Ti(Ⅵ)在氯盐溶液中的水解机理分析

由 2.3.1.3 的分析结果可知, 选择将钛铁矿以 TiO^{2+} 和 Fe^{2+} 的形式浸出, 但是, 若最终 Ti 和 Fe 均以离子形式存在于溶液中将达不到分离的效果。考虑到 Ti(Ⅳ)易水解, 若让 Ti(Ⅳ)水解而 Fe(Ⅱ)和 Fe(Ⅲ)不水解, 将达到二者分离的效果。

要了解 Ti(Ⅳ) 的水解机理, 必须先了解 Ti(Ⅳ) 在氯盐溶液中的存在形态。用盐酸浸出钛铁矿, 在浸出液中的 Ti(Ⅳ) 尚未水解时, 可能以 TiO^{2+}、$TiOCl^+$、$TiOCl_2$、$TiOCl_3^-$ 和 $TiOCl_4^{2-}$ 等形式存在。这些配合物的形成是 TiO^{2+} 与 Cl^- 逐级配合的结果, 其逐级反应方程式和各级形成常数[212]如下:

$$TiO^{2+} + Cl^- \Longrightarrow TiOCl^+ \ (K_1 = 3.55 \pm 0.35) \tag{2-10}$$

$$TiOCl^+ + Cl^- \Longrightarrow TiOCl_2 \ (K_2 = 0.40 \pm 0.06) \tag{2-11}$$

$$TiOCl_2 + Cl^- \Longrightarrow TiOCl_3^- \ (K_3 = 10.6 \pm 0.2) \tag{2-12}$$

$$TiOCl_3^- + Cl^- \Longrightarrow TiOCl_4^{2-} \ (K_4 \approx 12) \tag{2-13}$$

通过各级形成常数表示的逐级取代可知, 当 TiO^{2+} 与 Cl^- 进行配位反应时, 体系中所形成各级配合物的平衡浓度(假设活度系数为 1)如下:

$$[TiOCl^+] = K_1[TiO^{2+}][Cl^-] \tag{2-14}$$

$$[TiOCl_2] = K_1 K_2 [TiO^{2+}][Cl^-]^2 \tag{2-15}$$

$$[TiOCl_3^-] = K_1 K_2 K_3 [TiO^{2+}][Cl^-]^3 \tag{2-16}$$

$$[TiOCl_4^{2-}] = K_1 K_2 K_3 K_4 [TiO^{2+}][Cl^-]^4 \tag{2-17}$$

考虑到 TiO^{2+} 的一级水解(不考虑二级反应), 其反应方程式及平衡常数为:

$$TiO^{2+} + H_2O \Longrightarrow TiO(OH)^+ + H^+ \ (pK_a = 1.3, K_a = 0.0512)^{[216]} \tag{2-18}$$

$$[TiO(OH)^+] = K_a[TiO^{2+}]/[H^+] = K_a[TiO^{2+}]/10^{-pH} \tag{2-19}$$

设溶液中 Ti(Ⅳ) 的分析浓度为 C_M(mol/L), 则:

$$\begin{aligned} C_M &= [TiO^{2+}] + [TiOCl^+] + [TiOCl_2] + [TiOCl_3^-] + [TiOCl_4^{2-}] + [TiO(OH)^+] \\ &= (1 + K_1[Cl^-] + K_1 K_2 [Cl^-]^2 + K_1 K_2 K_3 [Cl^-]^3 + K_1 K_2 K_3 K_4 [Cl^-]^4 \\ &\quad + K_a/10^{-pH}) \cdot [TiO^{2+}] \end{aligned} \tag{2-20}$$

溶液中金属离子所存在的某种型体的平衡浓度与溶液中该金属离子分析浓度的比值为各配合物的分布系数(记为 δ_i)[217], 或称摩尔分数。则此体系中各组分的分布系数为:

$$\begin{aligned} \delta_i &= [TiOCl_i^{2-i}]/C_M \\ &= K_1 \cdots K_i [Cl^-]^i / \{1 + K_1[Cl^-] + \cdots + K_1 \cdots K_i [Cl^-]^i + K_a/10^{-pH}\} \end{aligned} \tag{2-21}$$

$$\begin{aligned} \delta_{TiO(OH)^+} &= [TiO(OH)^+]/C_M \\ &= K_a/10^{-pH} \{1 + K_1[Cl^-] + \cdots + K_1 \cdots K_i [Cl^-]^i + K_a/10^{-pH}\} \end{aligned} \tag{2-22}$$

根据式(2-21)和式(2-22)可知, 在考虑一级水解反应时, 配合物的分布系数(δ_i)与 pH 和 $[Cl^-]$ 有关。固定 pH 或 $[Cl^-]$, 便可得到 $\delta_i - [Cl^-]$ 或 $\delta_i - pH$ 之间的关系。

图 2-7 为 pH = -0.5、1、2 和 3 时的 $\delta_i - lg[Cl^-]$ 图。由图可知, 在 pH 很低(pH = -0.5)的情况下, $TiO(OH)^+$ 含量很低, 表明极低 pH 下 TiO^{2+} 的水解趋势很弱; 当 $[Cl^-]$ 很低时, Ti(Ⅳ) 主要以 TiO^{2+} 的形式存在; 随着 $[Cl^-]$ 的升高, 一

级配离子 TiOCl⁺ 的含量先升高后减小，其 δ_i 在 lg[Cl⁻] = -0.7 时达最大值；继续升高[Cl⁻]，三级配离子 TiOCl₃⁻ 的含量也升高，并在 pH = -0.35 时达最大值后逐渐减小；当 Cl⁻ 浓度较高时，TiOCl₄²⁻ 的含量急剧升高，最后达到近 100%。

在游离 Cl⁻ 浓度较低时，随着 pH 的升高，TiO²⁺ 的一级水解反应明显变强，TiO(OH)⁺ 的含量急剧升高，而 TiO²⁺ 的含量急剧降低，因此可认为在 Cl⁻ 浓度较低时，TiO²⁺ 的水解受 pH 的影响很大。在游离 Cl⁻ 浓度较高时，Ti(Ⅳ) 的存在形式随 pH 变化不明显，TiOCl₄²⁻ 仍是 Ti(Ⅳ) 的主要存在形态。在不同 pH 下，TiOCl⁺ 和 TiOCl₃⁻ 的变化规律相似，均是先增大后减小；而 TiOCl₂ 在各种情况下的含量均很少，说明溶液中 Ti(Ⅳ) 主要是以离子状态存在。

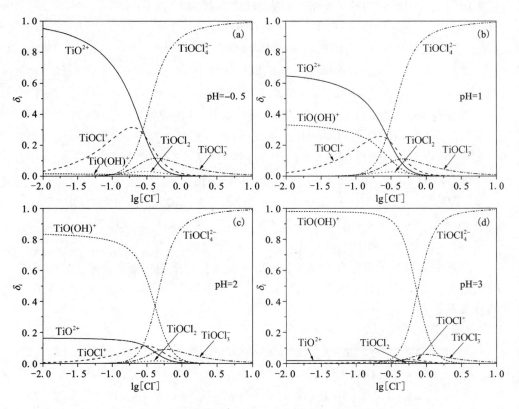

图 2 - 7　不同 pH 下的 δ_i - lg[Cl⁻] 图(298.15K)

(a) pH = -0.5；(b) pH = 1；(c) pH = 2；(d) pH = 3

图 2 - 8 为不同 Cl⁻ 浓度时各组分的 δ_i - pH 图。由图可知，随着[Cl⁻]的升高，Ti(Ⅳ) 生成 TiO(OH)⁺ 所需的 pH 增大，当[Cl⁻] = 5 mol/L 时，只有在 pH > 4.75 的情况下才会生成 TiO(OH)⁺；在[Cl⁻]和 pH 均很低时，TiO²⁺ 是主要存在

形态；而当 $[Cl^-]$ 较高时，$TiOCl_4^{2-}$ 是主要存在形态，且其稳定存在的 pH 范围很广。

由 2.3.1.3 节的分析可知，浸出钛铁矿所用盐酸的浓度需高于 15%，即 $[H^+]$ 和 $[Cl^-]$ 的浓度高于 4.225 mol/L，在酸度和 Cl^- 浓度如此高的情况下，结合上述分析结果可知，$Ti(Ⅳ)$ 的主要存在形态为 $TiOCl_4^{2-}$，此外，除了少量的 $TiOCl_3^-$，其他形态的钛离子几乎不存在。由图 2-8(d) 可知，当 $[Cl^-] = 5$ mol/L 时，$Ti(Ⅳ)$ 在室温下发生一级水解反应的 pH > 4.5，因此，在钛铁矿浸出时，$Ti(Ⅳ)$ 的水解不能在室温下发生，因此需要靠加热来强化水解反应的进行。

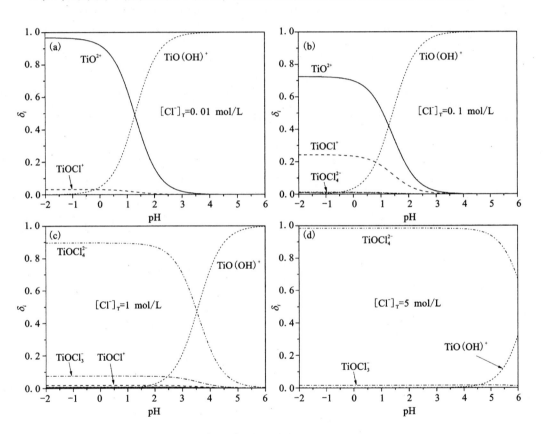

图 2-8 不同 $[Cl^-]_T$ 浓度时的 δ_i - pH 图 (298.15K)

(a) 0.01 mol/L；(b) 0.1 mol/L；(c) 1 mol/L；(d) 5 mol/L

在加热条件下，$TiOCl_4^{2-}$ 和 $TiOCl_3^-$ 的水解过程可能是其 Cl 基与 H^+ 逐步结合生成 HCl 而脱去，生成水合 TiO_2，而水合 TiO_2 在更高温度下脱水得无水 TiO_2，其总反应方程式可描述如下：

$$TiOCl_4^{2-} + (1+x)H_2O \xrightarrow{\triangle} TiO_2 \cdot xH_2O + 2H^+ + 4Cl^- \qquad (2-23)$$

$$TiOCl_3^- + (1+x)H_2O \xrightarrow{\triangle} TiO_2 \cdot xH_2O + 2H^+ + 3Cl^- \qquad (2-24)$$

$$TiO_2 \cdot xH_2O \xrightarrow{\triangle} TiO_2 + xH_2O \uparrow \qquad (2-25)$$

2.3.3 机械活化机理的初步探讨

机械活化是强化矿物浸出的有效方法,由于影响机械力物理化学反应的因素很多,各种因素又相互作用,因此机理尚不明确。目前对于机械活化的机理主要有两种观点[218]:一种认为由于矿物颗粒在球磨过程中产生晶格缺陷和晶型转变、非晶化,以及表面化学键断裂而产生不饱和键、自由离子和电子等原因,最终导致矿物晶体内能升高,从而使物质的反应平衡常数和反应速率常数显著增大;另一种则认为机械力作用导致矿物的晶格松弛与结构裂解,激发出高能电子和等离子区,这些高能电子和等离子体产生的高等量可能使通常状况下热化学不能进行的反应变得可能。由于缺乏有效的研究手段,本书仅从结构、粒度和形貌等方面对机械活化钛铁矿的机理作了初步探讨。

2.3.3.1 预实验——球料比的选择

研究球料比对机械活化的影响时所采用的球磨时间均为 2 h。图 2 - 9 所示为钛铁矿以不同的球料比活化 2 h 后的 SEM 图。由图可知,当球料比为 10:1 时,钛铁矿的粒度相对较粗,且表面光滑,没有达到很好的球磨效果。球料比为 20:1 时,钛铁矿的颗粒细小均匀,表面粗糙。而当球料比为 30:1 及以上时,钛铁矿的颗粒反而变大,活化效果变差,这是由于球料比过高导致物料仅仅是填充在钢球之间的缝隙中,球磨时二者不能充分接触,因此达不到很好的球磨效果。

图 2 - 10 为钛铁矿以不同的球料比活化 2 h 后的粒径分布图。由图可知,当球料比为 20:1 时,钛铁矿颗粒在细粒区(0.2 ~ 4 μm)的分布最多;而当球料比为 30:1 和 40:1 时,钛铁矿颗粒则主要分布在 5 ~ 100 μm 的粗粒区,还未及球料比10:1 时的球磨效果。

图 2 - 11 所示为钛铁矿的中值粒径和比表面积随球料比的变化曲线。由图可知,随着球料比的增加,钛铁矿的中值粒径先减小后增大,且在球料比为 20:1 时达到最小(2.714 μm);比表面积则先增大后减小,且在球料比为 20:1 时达到最大(8.79 m²/g)。因此,机械活化的最佳球料比为 20:1 左右,下文的机械活化实验均按此球料比进行。

2.3.3.2 机械活化对钛铁矿结构的影响

研究机械活化的机理时使用的球料比均为 20:1。图 2 - 12 为钛铁矿在活化不同时间后的 XRD 图谱。由图可知,未活化的钛铁矿衍射峰尖锐,除含有主物相 $FeTiO_3$(六方晶系,空间群 R - 3)外,还含有$(Mg, Fe, Al)_6(Si, Al)_4O_{10}(OH)_8$

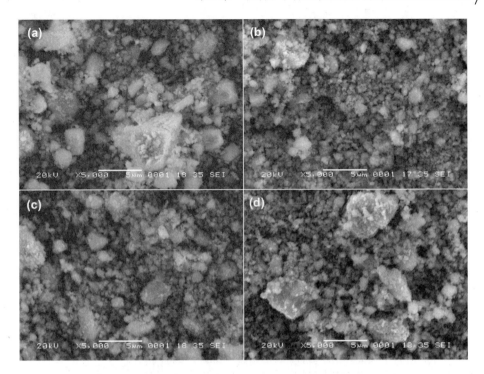

图 2 - 9　钛铁矿以不同的球料比活化 2 h 后的 SEM 图

(a) 10:1; (b) 20:1; (c) 30:1; (d) 40:1

相,说明部分的 Mg、Al、Si 杂质是以晶态形式存在。而在机械活化后,各样品均显示出单一的 $FeTiO_3$ 相,杂相消失。由于 Mg、Al、Si 等杂质元素在常温下机械活化不可能全部进入 $FeTiO_3$ 的晶格,因此杂相的消失是由于其转变成无定形结构引起的。

随着活化时间的延长,钛铁矿的衍射峰逐渐宽化,且峰强逐渐变弱,说明机械活化破坏了晶体的完整性,使得晶粒逐渐变小,且逐渐无定形化。根据 Scherrer 公式(式 2 - 26)可由 XRD 衍射数据计算出样品的晶粒尺寸:

$$D = K\lambda/\beta cos\theta \qquad (2-26)$$

式中:D 为微晶直径;K 为 Scherrer 常数($K = 0.89$);λ 为入射 X 射线的波长;β 为衍射峰的半峰宽;θ 为布拉格衍射角。

根据(012)、(104)、(110) 和(116) 四条衍射线计算出的晶粒尺寸见图 2 - 13。由图可知,虽然由各衍射线计算出的晶粒尺寸不同,但均表明晶粒尺寸是随机械活化时间的延长而减小的;另外还可以看出,晶粒尺寸在最初的 60 min 内下降最快,随着球磨时间的延长其下降趋势越来越平缓。晶粒尺寸的减小有利于浸出剂与钛铁矿充分接触,从而强化浸出。

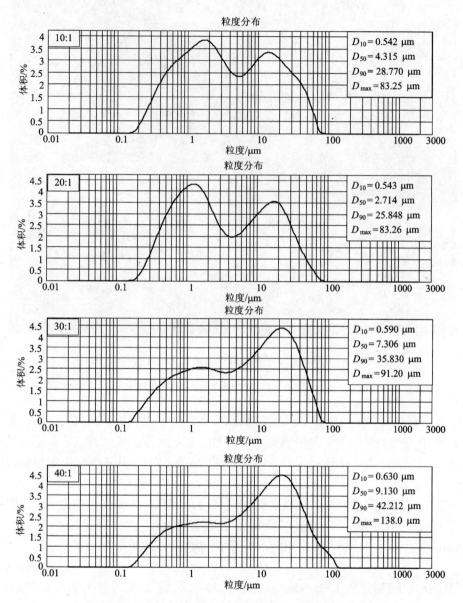

图 2 - 10　钛铁矿以不同的球料比活化 2 h 后的粒径分布图

为了进一步研究机械活化对钛铁矿结构的影响，用 Rietveld 全谱拟合法对样品的晶格常数进行了精修，所得结果见图 2 - 14。由图可知，活化时间小于 1 h 时，机械活化主要造成晶格常数 c 变大，而 a 无明显变化(0.787‰)；而在 2 h 以后，晶格常数 a 和 c 均变大，且前者的变化趋势反过来大于后者。说明机械活化

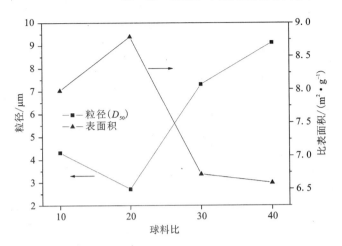

图 2-11　钛铁矿的中值粒径(D_{50})和比表面积随球料比的变化曲线

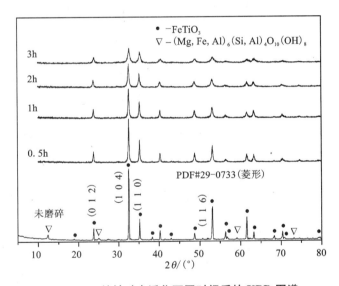

图 2-12　钛铁矿在活化不同时间后的 XRD 图谱

首先主要是沿 c 轴方向进行，继续延长时间则在 a 轴和 c 轴同时进行。晶格膨胀可能是由于大量缺陷的产生而引起的，另外若有 Mg、Al、Mn 等原子掺入到 $FeTiO_3$ 晶格中也能使其晶格膨胀。

Bartion[219] 和 Duncan 等[220] 的研究表明，未活化的钛铁矿在基面(0001)的浸出速度更快；而 C. Li 等[221] 则发现经机械活化后的钛铁矿在 c 轴方向的应变点是浸出反应的表面活性点，强化浸出与钛铁矿在 a 轴方向的点阵应变关系不大。由此可见，机械活化后钛铁矿沿 c 轴的微小点阵应变就可能导致(0001)晶面族的浸

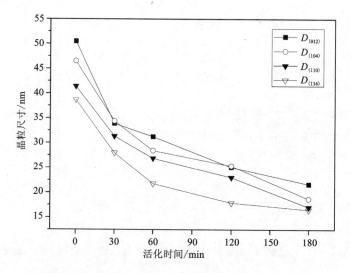

图 2 - 13　钛铁矿的晶粒尺寸随活化时间的变化曲线

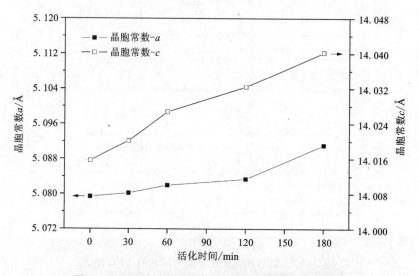

图 2 - 14　钛铁矿的晶胞常数随活化时间的变化曲线

出速度大大提高。因此，从图 2 - 14 中 c 轴的变化趋势可以预知，即便机械活化的时间较短也可大大强化钛铁矿的浸出速度。

2.3.3.3　机械活化对钛铁矿形貌的影响

图 2 - 15 所示为钛铁矿在活化不同时间后的 SEM 图。由图可知，未活化的钛铁矿颗粒粗大(约 100 μm)且表面光滑；活化 15 ~ 30 min 后的颗粒虽然变细至几个微米，但表面仍然很光滑；而活化 60 min 后颗粒的表面则变得粗糙，一直到

120 min，钛铁矿的颗粒变得更加细小和粗糙，粗糙的表面有利于颗粒与浸出剂接触，从而强化浸出；但是，继续延长活化时间将导致颗粒团聚，如活化 180 min 时的钛铁矿就有明显的团聚现象。

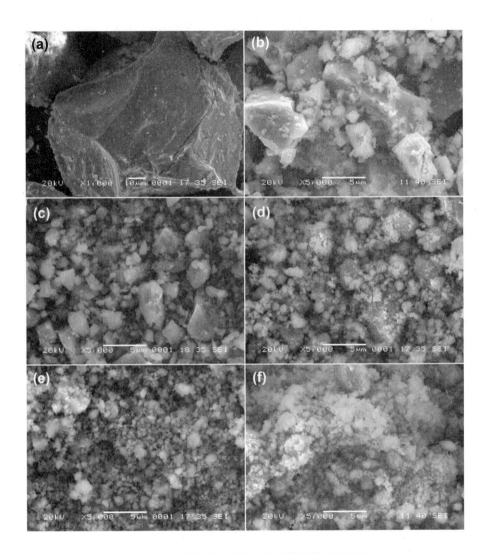

图 2－15　钛铁矿在活化不同时间后的 SEM 图

（a）未活化；（b）15 min；（c）30 min；（d）60 min；（e）120 min；（f）180 min

2.3.3.4　机械活化对钛铁矿粒度及比表面积的影响

图 2－16 为钛铁矿在活化不同时间后的粒径分布图。由图可知，未活化钛铁矿的粒径主要分布在 20～180 μm，而活化之后钛铁矿的粒径则明显变细。活化

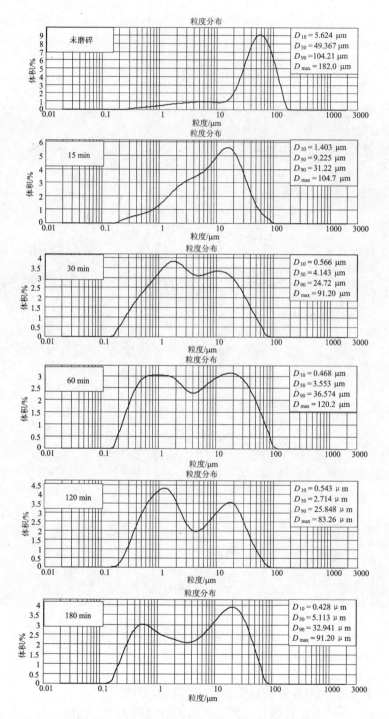

图 2-16 钛铁矿在活化不同时间后的粒径分布图

30 min 以上时，钛铁矿的粒径存在两个主要的分布区域，分别是 0.2 ~ 4 μm 的细粒区和 4 ~ 80 μm 粗粒区。从 30 ~ 120 min，分布在细粒区的颗粒逐步增多，而在 180 min 时，细颗粒发生团聚，分布在粗粒区的颗粒反而增多，这与 SEM 的分析结果一致。

图 2 - 17 所示为钛铁矿的中值粒径和比表面积随活化时间的变化曲线。由图可知，钛铁矿的中值粒径在最初 30 min 内急剧减小，然后随着活化时间的增加而缓慢减小，然而到 180 min 时又反而增大。另一方面，随着活化时间的延长，钛铁矿的比表面积一直增大，只是增大的趋势越来越平缓。未活化钛铁矿的比表面积仅为 0.29 m²/g，活化 120 min 时急剧增大到 8.79 m²/g，而在 180 min 时为 9.72 m²/g。比表面积的增大使得钛铁矿颗粒与浸出剂有更大的接触面积，从而可以强化浸出速度。

比表面积取决于颗粒的形貌和粒度。与活化 120 min 的钛铁矿相比，虽然活化 180 min 的钛铁矿具有更大的中值粒径（D_{50}）并且还存在明显的团聚，但其比表面积却大于前者，这与样品在超细粒区的颗粒分布有关，如活化 120 min 钛铁矿的 $D_{10} = 0.543$ μm，而活化 180 min 钛铁矿的 $D_{10} = 0.428$ μm。

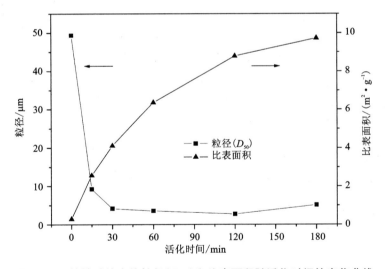

图 2 - 17　钛铁矿的中值粒径（D_{50}）和比表面积随活化时间的变化曲线

综上所述，从微观来说，机械活化可以细化钛铁矿的晶粒，并产生大量晶格缺陷，使其晶格膨胀；从宏观来说，机械活化可以减小钛铁矿的粒度，并增加颗粒表面的粗糙度，增大其比表面积。机械活化的上述作用均能使钛铁矿的浸出效率大大提高。另外，在最初的 30 min 内机械活化的效率最高，从形貌和粒度来考虑，活化的极值点应在 120 min 左右。

2.3.4 浸出工艺条件的初定

通过 2.3 节的理论分析，初步确定钛铁矿（$FeTiO_3$）浸出分离 Ti 和 Fe 的主要条件为：$[H^+] > 4.145$ mol/L 和加热强化 Ti（Ⅳ）水解。在此，设计盐酸的浓度分别为 15%（4.225 mol/L）、20%（5.634 mol/L）、25%（7.042 mol/L）和 30%（8.451 mol/L）；反应温度分别为 80℃、90℃、100℃和110℃。除此之外，为了强化浸出和水解反应的进行，还研究了机械活化对钛铁矿浸出及元素分离的影响。

2.4 钛铁矿中各元素定向分离的工艺研究

2.4.1 初始盐酸浓度和浸出时间对元素分离的影响

研究初始盐酸浓度对元素分离的影响时，以球磨 2 h 的钛铁矿为原料，浸出温度为 100℃，HCl 和钛铁矿的质量比为 1.2∶1。图 2 – 18（a）、图 2 – 18（b）为不同盐酸浓度下 Fe 和 Ti 的浸出率随时间的变化图。由图 2 – 18（a）可知，0 ~ 1 h 时，各盐酸浓度下 Fe 的浸出率均迅速增大，1 h 之后，盐酸浓度为 15% 时 Fe 的浸出率缓慢增加，而盐酸浓度为 20% ~ 30% 时 Fe 的浸出率增加很少，并在 2 h 后趋于稳定。由图 2 – 18（b）可知，Ti 的浸出率随时间的变化趋势在各盐酸浓度下相似，即 0 ~ 1 h 时迅速降低，1 ~ 2 h 时缓慢降低，2 h 之后趋于稳定；但在相同的浸出时间内，Ti 的浸出率随盐酸浓度的升高而降低。因此，从钛铁分离的效果考虑，最优浸出时间为 2 h 左右，盐酸浓度越高越好。但是，盐酸浓度太高使得 HCl 易于挥发，会大大增加设备防腐的成本，同时高浓度盐酸也难以循环利用。因此，在能保证钛铁分离效果的基础上，盐酸浓度应越低越好，从图 2 – 18 可知，当盐酸浓度为 20%，浸出时间为 2 h 时，Fe 的浸出率达 95.5%，而 Ti 的浸出率仅为 1.07%，达到了很好的分离效果。因此，最佳的盐酸浓度应为 20%，最优浸出时间为 2 h。

图 2 – 19 所示为初始盐酸浓度对各元素浸出率的影响，浸出条件：以球磨 2 h 钛铁矿为原料，浸出温度 100℃，HCl 和钛铁矿的质量比为 1.2∶1，浸出时间 2 h。由图 2 – 19 可知，在各盐酸浓度下 Si 均不被浸出，而 Mg、Al、Mn 和 Ca 的浸出率随盐酸浓度的变化规律与 Fe 相同，即当盐酸浓度为 15% 时浸出率较低（在61% ~ 70%），但当盐酸浓度在 20% 以上时，各元素的浸出率随盐酸浓度的变化不明显，如 Mg、Al、Mn 和 Ca 在 20% 盐酸浓度下的浸出率分别为 98.5%、96.8%、98.9% 和 96.1%，而在 30% 盐酸浓度下的浸出率为 99.3%、97.5%、99.9% 和 98.9%。因此，当盐酸浓度为 20%，浸出时间为 2 h 时，Ti 和 Mg、Al、Mn、Ca 等也得到了

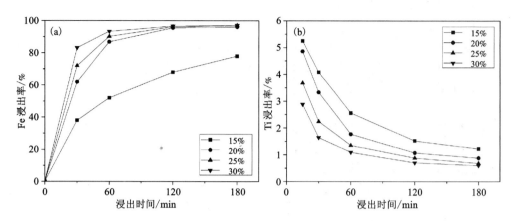

图 2 - 18　不同浓度盐酸浸出钛铁矿时 Fe(a) 和 Ti(b) 的浸出率随时间的变化图

(球磨 2 h 钛铁矿, 浸出温度 100℃, m_{HCl}: $m_{钛铁矿}$ = 1.2:1)

很好的分离, 最终 Ti 和 Si 富集在渣中, 而 Fe、Mg、Al、Mn 和 Ca 等则富集在浸出液中。

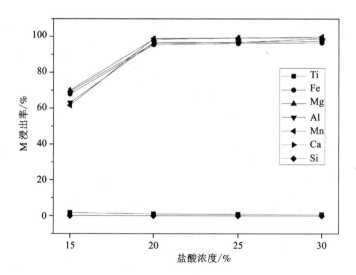

图 2 - 19　不同浓度盐酸浸出钛铁矿时各元素的浸出率

(球磨 2 h 钛铁矿, 浸出温度 100℃, 时间 2 h, m_{HCl}: $m_{钛铁矿}$ = 1.2:1)

图 2 - 20(a)、图 2 - 20(b) 分别为不同盐酸浓度下所得浸出渣在煅烧前后的 XRD 图谱。由图可知, 盐酸浓度为 15% 时, 浸出渣除了含有金红石型 TiO_2 外, 还含有 $FeTiO_3$ 相, 说明钛铁矿未反应完全, 其煅烧后的物相为金红石型 TiO_2 和

Fe$_2$TiO$_5$。当盐酸浓度高于 20% 时，各浸出渣均显示出单一金红石型 TiO$_2$ 的衍射峰，但峰形较宽，结晶度低；由于浸出渣中含有 SiO$_2$ 和大量结晶水，因此它更可能是无定形 TiO$_2$·xH$_2$O、金红石型 TiO$_2$ 和无定形 SiO$_2$ 的混合物（或者 SiO$_2$ 含量较低导致无法检测出其衍射峰）；上述浸出渣在煅烧后的物相均为单一的金红石型 TiO$_2$，且峰型尖锐，结晶度高。

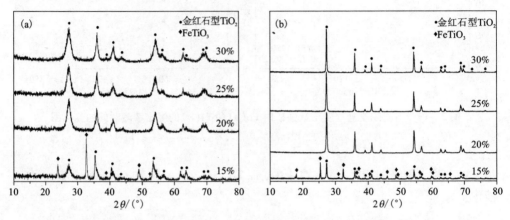

图 2-20 不同浓度盐酸浸出钛铁矿时所得浸出渣在煅烧前(a)和煅烧后(b)的 XRD 图谱
（球磨 2 h 钛铁矿，100℃下浸出 2 h，m_{HCl}:$m_{钛铁矿}$ = 1.2:1，渣在 800℃煅烧 4 h）

煅烧后所得金红石的主要成分以及浸出时 TiO$_2$ 的损失见表 2-6。结果表明，用 15% 盐酸浸出时，产物中 TiO$_2$ 的含量仅为 70.4%，而 Fe$_2$O$_3$ 的含量则高达 19.50%，这与 XRD 的分析结果一致。当盐酸浓度由 20% 升高到 30% 时，产物的成分变化较小，如 TiO$_2$ 的含量仅从 90.8% 升高到 92.0%，Fe$_2$O$_3$ 的含量由 2.21% 降低到 1.55%，TiO$_2$ 的损失率由 1.07% 下降到 0.70%。综上分析，用 20% 以上浓度的盐酸浸出时能获得纯度较高的钛渣。

表 2-6 不同盐酸浓度下所得浸出渣在 800℃煅烧 4 h 后的主要成分以及浸出时 TiO$_2$ 的损失

盐酸浓度/%	Fe$_2$O$_3$ 含量/%	TiO$_2$ 含量/%	损失的 TiO$_2$/%
15	19.50	70.4	1.72
20	2.21	90.8	1.07
25	1.78	91.3	0.88
30	1.55	92.0	0.70

实验条件：球磨 2 h 钛铁矿，浸出温度 100℃，时间 2 h，m_{HCl}:$m_{钛铁矿}$ = 1.2:1。

2.4.2　反应温度对元素分离的影响

　　研究反应温度对元素分离的影响时,以球磨 2 h 钛铁矿为原料,初始盐酸浓度为 20%,HCl 和钛铁矿的质量比为 1.2∶1,浸出时间 2 h。图 2-21 为不同反应温度下各元素的浸出率,由图可知,反应温度由 80℃升高到 100℃时,Fe、Mg、Al、Mn 和 Ca 的浸出率由 78%、83%、72.8%、82.6% 和 76% 迅速升高到 95.5%、98.5%、96.8%、98.9% 和 96.1%;当继续升高温度到 110℃时,各元素的浸出率变化较小,Fe、Mg、Al、Mn 和 Ca 在 110℃时的浸出率分别为 97.7%、99%、98.2%、99.2% 和 98.2%。另一方面,Ti 在 80℃、90℃、100℃和 110℃时的浸出率分别为 4.83%、2.47%、1.07% 和 0.72%,即浸出率随着温度的升高而降低。升高温度有利于浸出反应的进行,因此 Fe、Mg 等杂质元素的浸出率升高,但温度的升高同时有利于 Ti(Ⅳ)的水解,因此,浸出液中 Ti(Ⅳ)的含量减小。结果表明,除 Si 几乎不被浸出之外,温度越高 Ti 和其他杂质的分离效果越好,但考虑到能耗和高温下 HCl 的挥发,最佳反应温度应在 100℃左右。

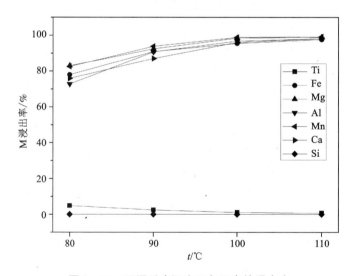

图 2-21　不同反应温度下各元素的浸出率

(球磨 2 h 钛铁矿,盐酸浓度 20%,时间 2 h,m_{HCl}∶$m_{钛铁矿}$ = 1.2∶1)

　　表 2-7 为不同温度下所得浸出渣在 800℃下煅烧 4 h 后的主要成分以及浸出时 TiO_2 的损失率。结果表明,从 80℃到 90℃,产物中 TiO_2 的含量迅速升高,而 Fe_2O_3 的含量则急剧降低,TiO_2 在溶液中的损失率也下降较快;当温度由 100℃到 110℃时,产物中 TiO_2 和 Fe_2O_3 的含量以及 TiO_2 损失率的变化均很小。因此,浸出温度在 100℃以上时可得到纯度较高的钛渣。

表 2－7　不同反应温度下所得浸出渣在 800℃煅烧 4 h 后的主要成分以及浸出时 TiO_2 的损失

反应温度/℃	Fe_2O_3 含量/%	TiO_2 含量/%	损失的 TiO_2/%
80	15.80	74.7	4.83
90	7.46	85.6	2.47
100	2.21	90.8	1.07
110	1.46	91.6	0.72

实验条件：球磨 2 h 钛铁矿，盐酸浓度 20%，时间 2 h，m_{HCl} : $m_{钛铁矿}$ =1.2:1。

2.4.3　酸矿比对元素分离的影响

研究酸矿比（$HCl_{100\%}$ 与钛铁矿的质量比）对元素分离的影响时，以球磨 2 h 的钛铁矿为原料，初始盐酸浓度为 20%，反应温度 100℃，时间 2 h。图 2－22 所示为酸矿比对各元素浸出率的影响。由图可知，酸矿比为 0.9 时，Fe、Mg、Al、Mn 和 Ca 的浸出率仅为 74.4%、77.4%、82.6%、86.7% 和 82.0%；而酸矿比为 1.2 时，它们的浸出率迅速升高至 95.5%、98.5%、96.8%、98.9% 和 96.1%；继续增大酸矿比，Fe、Mg、Al、Mn 和 Ca 的浸出率缓慢增加，如酸矿比为 1.8 时的浸出率分别为 97.2%、99.8%、99.0%、99.3% 和 98.2%。另一方面，Ti 的浸出率也随着酸矿比的升高而升高，Ti 在酸矿比为 0.9 时的浸出率仅为 0.9%，而在酸矿比为 1.8 时则增大到 2.32%。浸出液中 Ti(Ⅳ) 含量过高不利于后续制备铁基材料工艺的进行，因此酸矿比不宜过高。此外，酸用量的增加对 Si 的浸出几乎无影响，即 Si 不被浸出。综上，除 Si 之外，各元素的浸出率均随着酸矿比的增大而增大，考虑到成本、废酸量以及后续工艺的问题，最佳酸矿比为 1.2 左右。

表 2－8 为不同酸矿比条件下所得浸出渣（800℃煅烧 4 h）的主要成分以及浸出时 TiO_2 的损失率。结果表明，当酸矿比为 0.9 时，产物中 TiO_2 的含量仅为 73.2%，而 Fe_2O_3 的含量则高达 16.86%，说明钛铁矿没有浸出完全；当酸矿比在 1.2 以上时，产物中 TiO_2 的含量均高于 90%，且 Fe_2O_3 的含量也较低，这与上述元素浸出率的分析结果一致。

表 2－8　不同酸矿比时所得浸出渣在 800℃煅烧 4 h 后的主要成分以及浸出时 TiO_2 的损失

HCl(100%) 与钛铁矿质量比	Fe_2O_3 含量/%	TiO_2 含量/%	损失的 TiO_2/%
0.9:1	16.86	73.2	0.85
1.2:1	2.21	90.8	1.07
1.46:1	1.56	91.6	1.47
1.8:1	1.15	92.9	2.32

实验条件：球磨 2 h 钛铁矿，盐酸浓度 20%，浸出温度 100℃，时间 2 h。

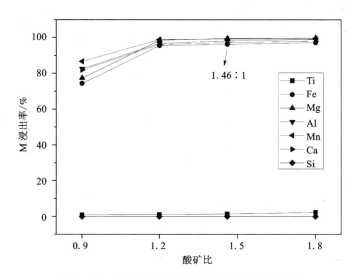

图2-22　各元素的浸出率随酸矿比的变化曲线

（球磨2 h钛铁矿，盐酸浓度20%，浸出温度100℃，时间2 h）

2.4.4　机械活化对元素分离的影响

研究机械活化对元素分离的影响时，所用球料比为20:1，盐酸的初始浓度为20%，酸矿比为1.2，反应温度100℃，时间2 h。图2-23所示为活化时间对各元素浸出率的影响。由图可知，当钛铁矿未经活化时，Fe、Mg、Al、Mn和Ca的浸出率均很低，为15%~20%；而Ti的浸出率则高达12.1%。随着活化的进行，Fe、Mg、Al、Mn和Ca的浸出率急速升高，而Ti的浸出率却降低。当活化时间为0.5 h时，Fe、Mg、Al、Mn和Ca的浸出率迅速升高至91.2%、93.8%、92.8%、95.9%和93.3%，Ti的浸出率则迅速下降至2.12%。继续延长球磨时间，各元素的浸出率缓慢增加，如1 h时Fe、Mg、Al、Mn和Ca的浸出率为93.6%、97.2%、95.5%、98.2%和96.3%，Ti的浸出率为1.26%。活化时间从1 h增加到2 h时，Mg、Al、Mn和Ca的浸出率无明显变化，仅有Fe的浸出率稍有增大(95.5%)，Ti的浸出率稍有降低(1.07%)。而从2 h到3 h时，各元素的浸出率均没有明显变化。综上所述，将钛铁矿活化1 h即可基本达到元素分离的要求，但是为了使后续制备材料时的除杂工艺更加简单且稳定，Ti和Fe的分离应该越彻底越好，因此选择球磨时间为2 h。

图2-24为不同球磨时间钛铁矿所得浸出渣在800℃煅烧4 h后的XRD图谱。由图可知，钛铁矿未经球磨时，所得浸出渣在煅烧后的主物相为Fe_2TiO_5，仅显示出少量金红石TiO_2的峰。然而在球磨0.5 h后，所得浸出渣在煅烧后的主物相变为金红石型TiO_2，但仍存在少量Fe_2TiO_5的峰，说明浸出渣中还含有较多的

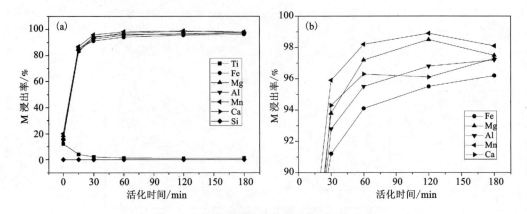

图 2-23 活化时间对各元素浸出率的影响

(a)整体图；(b)局部放大图

(盐酸浓度 20%，酸矿比 1.2，浸出温度 100℃，时间 2 h)

Fe，这与元素分析的结果一致。当钛铁矿球磨 1 h 及以上时，所得浸出渣在煅烧后的物相均为单一的金红石型 TiO₂结构；没有显示出 Si 和 Fe 的相关物相，说明它们以无定形态存在或者含量太少导致无法检测出其衍射峰。

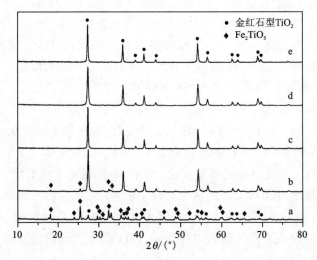

图 2-24 活化不同时间钛铁矿所得浸出渣在 800℃煅烧 4 h 后的 XRD 图谱

(a) 未球磨；(b) 球磨 0.5 h；(c) 球磨 1 h；(d) 球磨 2 h；(e) 球磨 3 h

综上，机械活化—盐酸常压浸出钛铁矿的最优条件为：盐酸浓度 20%，反应温度 100℃，酸矿比 1.2，钛铁矿活化时间为 2 h。在此条件下，主元素 Ti 和 Fe 等元素得到了很好的分离，最终 Ti 和 Si 定向富集在渣中，Fe、Mg、Al、Mn 和 Ca 等则定向富集在浸出液中。将该浸出渣在 800℃ 煅烧 4 h 后得金红石型 TiO_2，其含量为 90.8%，该纯度已达到氯化法生产钛白或海绵钛的要求，但是其粒度仅有 1 ~ 5 μm，因此还需造粒(≥100 μm)后才能用于工业生产[208]。

2.5　小结

(1)通过 $Ti - Fe - H_2O$ 系的 $E - pH$ 图，确定了钛铁矿酸浸的必要条件和浸出方式。计算结果表明若将钛铁矿以 TiO^{2+} 和 Fe^{2+} 的形式浸出，H^+ 的浓度必须高于 4.145 mol/L，即盐酸的浓度约高于 15%。

(2)通过计算 Ti(Ⅳ) 在氯盐溶液中各组元的分布系数，发现在高 Cl^- 浓度和低 pH 下，Ti(Ⅳ) 的主要存在形态为 $TiOCl_4^{2-}$。当 $[Cl^-] = 5$ mol/L(15% ~ 20% 盐酸)时，Ti(Ⅳ) 在室温下发生一级水解反应的 pH > 4.5，因此，在钛铁矿浸出时，Ti(Ⅳ) 的水解不能在室温下发生，需要靠加热来强化水解反应的进行。在加热条件下，$TiOCl_4^{2-}$ 的水解过程可能是其 Cl 基与 H^+ 逐步结合生成 HCl 而脱去，生成水合 TiO_2，而水合 TiO_2 在更高温度下脱水得无水 TiO_2。

(3)机械活化可以细化钛铁矿的粒径，并增加颗粒表面的粗糙度，增大其比表面积；机械活化破坏了钛铁矿晶粒的完整性，使晶粒变细，并产生大量晶格缺陷，使得晶格膨胀。上述作用均能强化钛铁矿的浸出。机械活化的效率在最初的 30 min 内最高；从形貌和粒度来考虑，活化效果的极值点出现在 2 h 左右，最佳球料比为 20∶1。

(4)用盐酸对钛铁矿在常压下进行选择性浸出，最优的浸出条件为：盐酸浓度 20%，反应温度 100℃，酸矿比 1.2，钛铁矿活化时间为 2 h。在此条件下，主元素 Ti 和 Fe 等元素得到了很好的分离，最终 Ti 和 Si 定向富集在渣中，Fe、Mg、Al、Mn 和 Ca 等定向富集在浸出液中。

(5)上述水解渣和浸出液可分别作为后续制备 $Li_4Ti_5O_{12}$ 和 $LiFePO_4$ 前驱体的原料。另外，若将水解钛渣直接煅烧，只需增加造粒工序(粒度≥100 μm)即可得到品位高于 90% 的人造金红石，可用于氯化法钛白及海绵钛的生产。

第 3 章 富钛渣定向净化制备特殊形貌的 过氧钛化合物、TiO_2 及 $Li_4Ti_5O_{12}$ 的研究

3.1 引言

在第 2 章中，成功地将钛铁矿中的各元素进行了定向分离，得到了富钛渣和富铁浸出液，本章的目的是对富钛渣进行利用。

富钛渣中主要含有 Ti 和 Si，以及少量的 Fe 和其他杂质元素，若直接煅烧可得到含量高于 90% 的人造金红石（见第 2 章 2.4 节）。但是，若想得到纯度更高（如 > 99%）的钛系产品则需进一步除杂（主要是除硅）。目前常用的除硅方法主要有碱法[222, 223]和氟化法[210, 223, 224]，前者用于 Si 含量较多的情况，后者用于除微量的 Si。由于氟化物有剧毒且腐蚀性极强，因此不予采用。首先尝试了用 NaOH除硅[92]，实验证明，用高浓度 NaOH 脱硅时每次的脱硅率约为 70%，因此要得到较纯的产物需要多次反复脱硅，最后还需用稀酸洗涤产物中大量的 Na，整个工艺的时耗和能耗都较高，而且产物的颗粒很粗且分布不均匀。而后，考虑采用间接除硅工艺，即想办法将 Ti 溶解而 Si 留在渣中，由于富钛渣不溶于盐酸、硝酸和稀硫酸，因此只能用浓硫酸溶解 Ti，实验证明在加热沸腾一段时间后浓硫酸确实能将 Ti 溶解，而使 Si 留在渣中，然而，此工艺的酸料比高，所得 Ti(Ⅳ) 液中含有大量浓硫酸，在这种情况下即使加热 Ti(Ⅳ) 也不会水解，因此必须加入大量的水稀释使其酸度降低，最终导致溶液中 Ti 的浓度变得很低，以至于难以利用。最后，注意到分光光度法测 Ti 时，加入的 H_2O_2 与 Ti(Ⅳ) 能形成橙色配合物[209, 210]，于是尝试用 H_2O_2 溶出富钛渣中的钛，最终取得了非常好的效果。

实际上，早在 1891 年 Dunnington[225]就首次报道了 Ti^{4+} 与 O_2^{2-} 能形成稳定的橙色配合物（PTC，钛过氧化配合物），之后这一特性被用作分光光度法测定钛离子或过氧根离子的浓度[226, 227]。从 19 世纪 80 年代起，PTC 的应用越来越引起人们的关注，目前已广泛应用于制备生物兼容性薄膜[228, 229]、钛过氧化物[230-232]、纳米 TiO_2[233-235]、纳米功能性钛基材料（如空气净化、抗菌、自净化材料）[236-238]以及钛基铁电材料[239]等。然而，在冶金领域尚未见 PTC 的应用，本研究首次提出用 H_2O_2 对富钛渣（水解钛渣）进行配位浸出，使 Ti(Ⅳ) 与其他杂质得到分离；而后以配位浸出液为原料制备了高纯度、特殊形貌的过氧钛化合物和 TiO_2。此工

艺在常温下即可进行,反应速度快,原料环保,成本低。之后,又首次将 PTC 应用于锂离子电池领域,即以过氧钛化合物为前驱体制备了锂离子电池负极材料 $Li_4Ti_5O_{12}$,其性能与许多研究者从高纯钛盐(如高纯 $TiO_2^{[12-15]}$、$TiCl_4^{[16-18]}$ 和有机钛[19-23]等)制备的产品性能相当。

3.2 实验

3.2.1 实验原料

原料为钛铁矿浸出渣(或称水解钛渣、富钛渣),其主要化学组成见表 3-1。实验使用的主要试剂见表 3-2。

表 3-1　钛铁矿浸出渣(水解钛渣)的主要化学组成

组分	Ti	Fe	SiO₂
含量/%	40.32	1.14	6.03

注:浸出渣在 100℃下干燥 12 h 后测试含量,未经煅烧。

表 3-2　实验使用的主要试剂

试剂	级别	生产厂家
NH₃·H₂O	分析纯	株洲市泰达化工有限公司
H₂O₂	分析纯	广东西陇化工股份有限公司
NaOH	分析纯	广东西陇化工股份有限公司
LiOH	电池级	江西赣锋锂业有限公司
Li₂CO₃	电池级	江西赣锋锂业有限公司

3.2.2 实验设备

实验所用的主要设备见表 3-3。

表 3-3　主要的实验设备

设备	型号	生产厂家
管式电阻炉	SK-4-10	长沙市天心区长城电炉厂
电热恒温水浴锅	DZKW-S-4	北京市永光明医疗仪器厂
数显酸度计	PHS-3C	杭州雷磁分析仪器厂

续表 3 – 3

设备	型号	生产厂家
行星式球磨机	ND7 – 2L	南京南大天尊电子有限公司
手套箱	ZKX4	南京大学仪器厂
电化学测试系统	BTS	深圳市新威尔电子有限公司
电化学工作站	CHI660A	上海辰华仪器有限公司

3.2.3 实验流程

富钛渣的配位浸出：将钛渣置入 500 mL 圆底烧瓶中，加入一定量的 $NH_3 \cdot H_2O$（12.5%）并搅拌，使其分散成白色悬浊液。当温度恒定在指定值（30~70℃）时，继续加入 $NH_3 \cdot H_2O$（12.5%）调节 pH 到指定值（2~10.3），然后在强烈搅拌下（300 r/min）加入适量双氧水（5%~30%），此时若 pH 稍有降低则补充 $NH_3 \cdot H_2O$ 使其回升到指定值。随着反应的进行，溶液的颜色慢慢变成橙色，反应至指定时间后立即过滤，得配位浸出液和浸出渣。浸出液备用，浸出渣在 100℃下干燥 12 h 后留待检测。

过氧钛化合物的制备（三种工艺）：①将上述浸出液直接加热至 100℃左右，反应一段时间后出现黄色沉淀或溶胶，1 h 后冷却、过滤，所得滤饼于 80℃下干燥 12 h，研磨后得黄色的过氧钛化合物粉末Ⅰ。②先向浸出液中加入适量 NaOH，然后加热至 100℃左右，反应一段时间后出现黄色沉淀，1 h 后冷却、过滤，将滤饼用 5% HNO_3 洗涤后在 80℃下干燥 12 h，研磨即得黄色针球状的过氧钛化合物粉末Ⅱ。③先向浸出液中加入适量 LiOH，然后加热至 100℃左右，反应一段时间后出现黄色沉淀，1 h 后冷却、过滤，将滤饼在 80℃下干燥 12 h，研磨即得黄色片状的过氧钛化合物粉末Ⅲ。

$Li_4Ti_5O_{12}$ 的制备：以上述三种过氧钛化合物（Ⅰ、Ⅱ、Ⅲ）为原料，将它们分别与 Li_2CO_3 按物质的量比 $Li:Ti = 4.02:5$ 混合，球磨 2 h，所得混合物在空气中 800℃下煅烧 16 h，随炉冷却即得 $Li_4Ti_5O_{12}$ 样品。另外，直接以富钛渣为原料，按上述工艺也制备了 $Li_4Ti_5O_{12}$。

3.2.4 元素定量分析

采用硫酸高铁铵滴定法测定浸出渣中的钛含量，方法同 2.2.4.2。采用 ICP – AES 法测定样品中杂质元素的含量，方法同 2.2.4.3。

3.2.5 物相及结构分析

用 XRD 研究样品的物相及结构，方法同 2.2.5。

3.2.6　形貌分析

用 SEM 分析样品的形貌，方法同 2.2.6。

3.2.7　表面成分分析

用 EDS 分析样品的表面成分，方法同 2.2.7。

3.2.8　红外分析

采用 Avatar 360 FTIR 红外光谱仪（Thermo Nicolet）对样品进行分析。

3.2.9　TG – DTA 分析

采用美国产 SDTQ600 热分析仪对样品进行热重 – 差热分析。测试温度从室温至 1000℃，升温速度 5℃/min，气氛为干燥空气，参比物为 α – Al_2O_3。

3.2.10　电化学测试

3.2.10.1　电池的组装及电化学性能测试

按质量比 8∶1∶1 称取 $Li_4Ti_5O_{12}$ 粉末、乙炔黑和黏接剂 PVDF（聚偏氟乙烯），研磨均匀后滴加适量 NMP（N – 甲基吡咯烷酮），继续研磨至糊状，将所得浆料均匀地涂布在铝箔上，然后在鼓风干燥箱中 120℃下干燥 4 h，取出后制成直径为 14 mm 的圆片作为正极（活性物质载荷为 1.95 ~ 2 mg/cm^2）。将正极片置于真空干燥箱中 12 h，取出后立即转入充满氩气的手套箱，将其与负极片（直径 15 mm、厚度 0.3 mm 的 Li 片）、隔膜（Celgard 2400 微孔聚丙烯膜）和电解液（1 mol/L $LiPF_6$/ EC + EMC + DMC（体积比 1∶1∶1））组装成 CR2025 型扣式电池。电池静置 12 h 后用 Newware 电池测试系统（5 V/1 mA 或 5 V/10 mA）进行测试。测试在室温下进行，分别以 0.1C、0.5C 和 1C 倍率充放电，电压范围为 1.0 ~ 2.5 V。

3.2.10.2　循环伏安与交流阻抗测试

采用上海辰华 CHI660A 电化学工作站进行交流阻抗及循环伏安测试。测试均在室温下进行。其中循环伏安扫描电压区间为 1.0 ~ 2.5 V，扫描速率 0.1 mV；交流阻抗测试频率范围为 0.01 ~ 100 kHz，振幅为 5 mV。

3.3　富钛渣配位浸出 – 定向净化的物理化学

3.3.1　理论依据

富钛渣（水解钛渣）的配位浸出，实际上是固相 $TiO_2 \cdot nH_2O$ 中的部分 Ti—O

键被 Ti—O—O 键替代，从而形成可溶性钛盐的过程，因此，Ti^{4+} 与 O_2^{2-} 的配位反应机理对浸出有重要的指导意义。

Ti^{4+} 和 O_2^{2-} 的配位反应，可以看做是水溶液体系中 H_2O、OH^-、O_2^{2-} 与 Ti^{4+} 的竞争反应。可用 Partial – Charge – Model（PCM）理论[240-242] 来解释其竞争机理，PCM 理论认为：两个或多个起始电负性不同的原子结合，在化合物中它们将各自调节到具有相同的电负性。

任意原子的 Partial – Charge 可按下式计算：

$$\partial_i = \frac{(\bar{x} - x_i^\circ)}{k \sqrt{x_i^\circ}} \qquad (3-1)$$

式中：$\bar{x} = \dfrac{\sum_i t_i \sqrt{x_i^\circ} + kz}{\sum_i t_i \sqrt{x_i^\circ}}$；$t_i$ 为原子计量数；z 为原子净电荷；x_i° 为原子的电负性；k 为常数（若按鲍林标准，则 $k = 1.36$）。

阴离子 X^{m-} 与配体能否发生配位反应，主要取决于配合物前驱体、X^{m-} 和其质子化产物 H_mX 的电负性差别。分为几种情况：①当 $\partial X^{m-} > \partial P$（$\partial P$ 代表配合物前驱体的电负性）时，X^{m-} 不能进入配体；②当 $\partial H_mX < \partial P$ 时，H_mX 不能进入配体；③当 $\partial X^{m-} < \partial P < \partial H_mX$ 时，可形成稳定的含 X 的配合物。

在水溶液体系中，由于 O_2^{2-} 的配合能力强于 OH^-，且 $\partial O_2^{2-} < \partial P < \partial H_2O_2$，因此 Ti^{4+} 优先与 O_2^{2-} 配合，生成过氧化钛配合物（PTC）溶液，其可能的化学反应方程式如下：

$$TiO_2 \cdot nH_2O + H_2O_2 + NH_3 \cdot H_2O \longrightarrow (NH_4)_{x'}(TiO_{y'})(O_2)_{z'}(OH)_{w'} + H_2O$$
$$(3-2)$$

其中 TiO_3^{2-} 的 O^{2-} 逐渐被 O_2^{2-} 取代。

将上述过氧化钛配合物溶液加热，部分 NH_4^+ 和 O_2^{2-} 分解，生成过氧钛化合物沉淀 I，可能的化学反应方程式如下：

$$(NH_4)_{x'}(TiO_{y'})(O_2)_{z'}(OH)_{w'} + H_2O \xrightarrow{\triangle} (NH_4)_x(TiO_y)(O_2)_z(OH)_w \cdot uH_2O \downarrow + NH_3 \uparrow + O_2 \uparrow$$
$$(3-3)$$

将上述过氧钛化合物 I 煅烧，杂质分解成气体逸出，得产物 TiO_2，其可能的化学反应方程式如下：

$$(NH_4)_x(TiO_y)(O_2)_z(OH)_w \cdot uH_2O \xrightarrow[\triangle]{400 \sim 1000℃} TiO_2 + H_2O \uparrow + O_2 \uparrow + NH_3 \uparrow$$
$$(3-4)$$

3.3.2　配位浸出—定向净化的工艺研究

3.3.2.1　双氧水用量

在研究双氧水用量对配位浸出的影响时，控制的实验条件为：pH = 10，温度 50℃，时间 40 min，H_2O_2 浓度 5%。图 3 - 1 为 H_2O_2 用量对 Ti 浸出率的影响。如图所示，当双氧水/钛渣的质量比小于 3 时，Ti 的浸出率随 H_2O_2 用量的增加而迅速增大，说明此时与 Ti(Ⅳ) 发生配合反应的 O_2^{2-} 量不够；当双氧水/钛渣的质量比大于 3 而小于 6 时，Ti 的浸出率缓慢上升；继续增加 H_2O_2 的用量，Ti 的浸出率无明显增加。因此，选择双氧水/钛渣的最佳质量比为 6，此时 Ti 的浸出率达 87.3%。

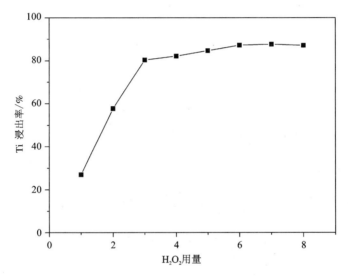

图 3 - 1　H_2O_2 用量对 Ti 浸出率的影响

(实验条件：pH = 10，温度 50℃，时间 40 min，H_2O_2 浓度 5%)

3.3.2.2　pH

在研究 pH 对配位浸出的影响时，控制的实验条件为：H_2O_2/钛渣的质量比为 6，温度 50℃，时间 40 min，H_2O_2 浓度 5%。图 3 - 2 为 Ti 的浸出率随 pH 的变化图，由图可知，pH < 7 时 Ti 的浸出率很低，而当 pH 从 7 增大到 9 时 Ti 的浸出率却迅速升高。浸出率随 pH 的变化可能与 NH_4^+ 的量有关，因为 NH_4^+ 的加入有如下作用：①提高体系的 pH；②NH_4^+ 是常用的配合阳离子，可参与配位反应；③形成铵盐增大溶解度，因为几乎所有的铵盐都溶于水[239]。因此，当 7 < pH < 9 时浸出率的急剧变化表明 NH_4^+ 参与了反应，铵盐的形成使得生成物的溶解度大大增加，

从而使得 Ti 迅速溶出。当 pH > 9 时，Ti 的浸出率无明显变化，说明有多余的 NH_4^+ 未参与反应，因此，最优的 pH 为 9 左右，此时 Ti 的浸出率为 89.1%。

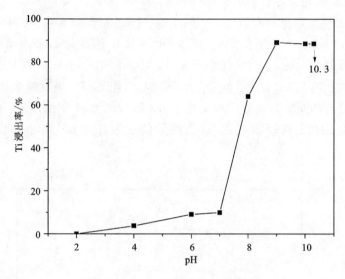

图 3 - 2   pH 对 Ti 浸出率的影响

（实验条件：H_2O_2 水解渣的质量比为 6，温度 50℃，时间 40 min，H_2O_2 浓度 5%）

3.3.2.3 反应温度

在研究反应温度对配位浸出的影响时，控制的实验条件为：H_2O_2/钛渣的质量比为 6，pH =9，时间 40 min，H_2O_2 浓度 5%。图 3 - 3 为 Ti 的浸出率随反应温度的变化图，由图可知，从 30℃ 到 40℃，Ti 的浸出率略有增加；但是，当温度高于 40℃ 时，Ti 的浸出率却随着温度升高而降低，特别是大于 50℃ 时呈急剧下降的趋势。

温度升高使得浸出率下降有如下方面的原因：①温度升高导致过氧根桥键分解，因此 Ti(Ⅳ) 发生缩聚反应；②温度升高使得 NH_4^+ 变成 NH_3 挥发，导致参与反应的 NH_4^+ 量降低。上述结果表明，浸出时温度不宜过高，实际上，许多研究者从水溶性 Ti 盐制备 PTC 时是在低温（如冰浴）下进行[231, 234, 243 - 245]。但是，与纯液相体系不同的是，富钛渣的浸出还与固/液相界面的离子扩散速率有关，30℃ 时 Ti 的浸出率比 40℃ 低即由此引起。综上所述，浸出温度在 40℃ 左右较佳，此时 Ti 的浸出率高达 97.0%。

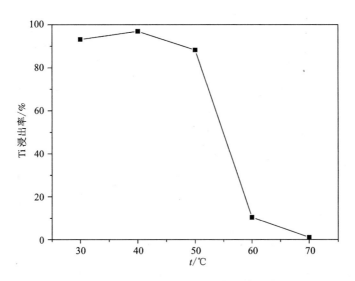

图 3 – 3　反应温度对 Ti 浸出率的影响

（实验条件：H_2O_2/水解渣的质量比为 6，pH = 9，时间 40 min，H_2O_2 浓度 5%）

3.3.2.4　反应时间

在研究反应时间对配位浸出的影响时，控制的实验条件为：H_2O_2/钛渣的质量比为 6，pH = 9，温度 40℃，H_2O_2 浓度 5%。图 3 – 4 所示为浸出时间对 Ti 浸出率的影响，如图所示，Ti 的浸出率在 10 ~ 20 min 时达到最大（约 98%），继续延长反应时间 Ti 的浸出率反而降低，这可能是由于部分过氧根桥键或 NH_4^+ 分解，导致少量溶解的 Ti(Ⅳ) 重新沉淀造成的。因此，最佳的浸出时间为 10 ~ 20 min。

3.3.2.5　H_2O_2 浓度

在研究 H_2O_2 浓度对配位浸出的影响时，控制的实验条件为：H_2O_2/钛渣的质量比为 6，pH = 9，温度 40℃，浸出时间 20 min。图 3 – 5 为 H_2O_2 浓度对 Ti 浸出率的影响，如图所示，H_2O_2 浓度为 5% ~ 10% 时 Ti 的浸出率无明显变化，但当 H_2O_2 浓度高于 10% 时，Ti 的浸出率逐步降低，这可能是由于 H_2O_2 浓度升高使得局部反应温度过高，从而导致部分的过氧根桥键或 NH_4^+ 分解，部分溶解的 Ti 发生缩聚反应或水解使得浸出率降低。从水的消耗量和废液量来考虑，H_2O_2 的最佳浓度应为 10% 左右，此时 Ti 的浸出率为 98.9%。

综上所述，配位浸出的最佳条件为：H_2O_2/水解渣的质量比为 6，pH = 9，反应温度 40℃左右，时间 10 ~ 20 min，H_2O_2 浓度为 10%。在最优条件下 Ti 的浸出率达 98.9%。

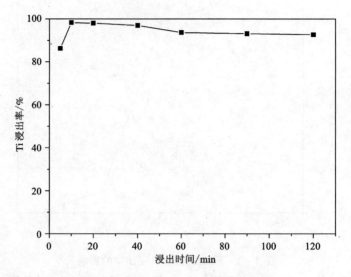

图 3 - 4　浸出时间对 Ti 浸出率的影响

（实验条件：H_2O_2/水解渣的质量比为 6，pH = 9，温度 40℃，H_2O_2 浓度 5%）

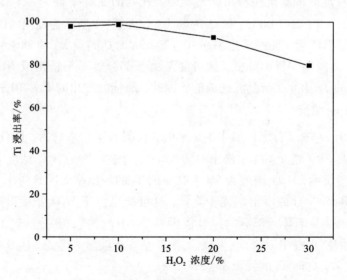

图 3 - 5　H_2O_2 浓度对 Ti 浸出率的影响

（实验条件：H_2O_2/水解渣的质量比为 6，pH = 9，温度 50℃，时间 20 min）

3.3.3　最优条件下所得产物的物理化学表征

3.3.3.1　元素分析

图 3-6 为富钛渣、配位浸出渣、过氧钛化合物 I 及其在 800℃下煅烧 4 h 后的 EDS 图谱。结果表明，富钛渣(a)中的主要杂质元素为 Si、Fe 和 Cl，此外还含有微量的 Mg 和 Al。配位浸出渣(b)主要含 Si、Ti 和 Fe，此外 Mg 和 Al 也得到富集。而过氧钛化合物(c)中只含有少量 Si 和 N，在碱性条件下，钛渣中有少量的 Si 溶解，从而伴随 Ti 进入过氧钛化合物，而 N 的存在是因为产物中含有残余的 NH_4^+。过氧钛化合物经 800℃煅烧 4 h，所得产物(d)的 N 峰消失，这是由于 NH_4^+ 热分解造成的。综上所述，通过配位浸出，Ti 和大部分杂质得到了分离，但是产物中仍含有少量 Si，因此，如何除去残余的 Si 是后续研究的一大任务。

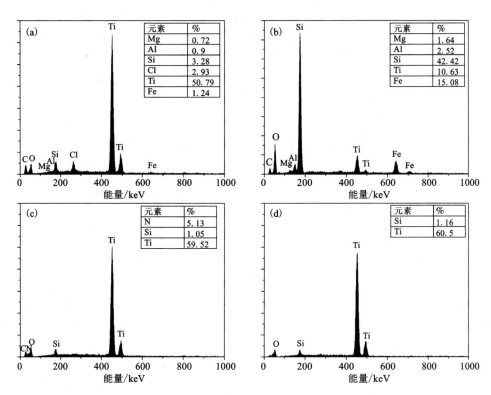

图 3-6　富钛渣(a)、配位浸出渣(b)、过氧钛化合物 I (c)
及其在 800℃下煅烧 4 h 后所得 TiO₂(d)的 EDS 图谱

3.3.3.2 物相分析

图3-7为水解钛渣、配位浸出渣和过氧钛化合物的 XRD 图谱。如图所示，富钛渣显示出金红石型 TiO_2 的衍射峰，没有检测出 SiO_2、Fe_2O_3 等物相，说明杂质以无定形形式存在或者含量较低。而在配位浸出之后，残余的渣（b）中含有金红石和锐钛型 TiO_2、SiO_2、Fe_3O_4 和 Fe_2O_3 等物相，说明杂质得到了富集，这与 EDS 的分析结果一致。过氧钛化合物为无定形结构，仅有一条宽峰与其特峰对应，与文献[232]从纯 Ti 盐制备的过氧钛化合物峰形相似。

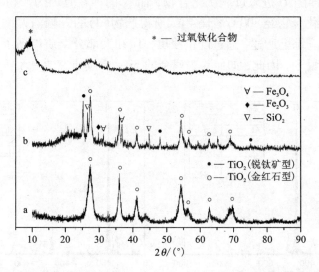

图3-7 富钛渣(a)、配位浸出渣(b)和过氧钛化合物 I(c)的 XRD 图谱

为了进一步对产物进行表征，将过氧钛化合物 I 在不同温度下煅烧4 h，所得样品的 XRD 见图3-8。如图所示，200℃煅烧后的样品比未煅烧时无明显变化，说明此时过氧根并未大量分解。400℃煅烧后的样品已显示出锐钛型 TiO_2 结构，随着煅烧温度的升高，TiO_2 的衍射峰逐渐尖锐且峰强逐渐增大，说明结晶度增高。一直到800℃时样品仍然为锐钛型 TiO_2，当温度高达1000℃时样品才转变为金红石型 TiO_2。所有样品均未显示出与 Si 相关的化合物的衍射峰，说明其含量很低或者为无定形结构。

该方法制备的 TiO_2 在很高温度下（约1000℃）下才能从锐钛型转变为金红石结构。TiO_2 晶型的差异主要取决于钛二聚体的结合方式[240]（见图3-9）：如果二聚体缩聚时沿着赤道平面方向结晶，最终将得到金红石型 TiO_2；但如果二聚体缩聚时沿着螺旋平面方向结晶，则最终会得到锐钛矿型 TiO_2。从过氧化钛配合物制备 TiO_2 时，由于 O_2^{2-} 的螯合配位效应，其赤道平面方向被 O_2^{2-} 占据，导致二聚体

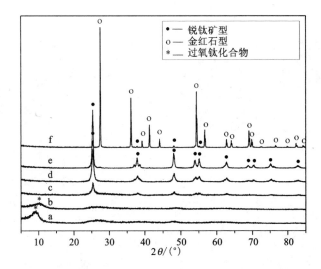

图3-8　过氧钛化合物 I 在不同温度下煅烧后的 XRD 图谱

（a）未煅烧；（b）200℃ -4 h；（c）400℃ -4 h；（d）600℃ -4 h；（e）800℃ -4 h；（f）1000℃ -4 h

无法沿此平面结晶，只能采取螺旋的方式结晶，从而得到的是锐钛型 TiO_2。因此，该研究制备的 TiO_2 在高温下仍能保持锐钛型结构，应该是 O_2^{2-} 阻碍了晶体沿赤道平面方向生长所致。

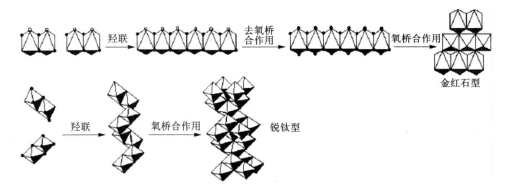

图3-9　金红石型和锐钛型 TiO_2 的结晶过程[240]

3.3.3.3　形貌分析

图3-10 为富钛渣、配位浸出渣、过氧钛化合物 I 和 TiO_2 的 SEM 图。

由图3-10可知，富钛渣（a）为多孔结构，其一次颗粒约几百纳米，部分一次颗粒团聚成微米级的二次颗粒。而配位浸出渣（b）的结构致密，粒度为 10 ~ 100 μm。过氧钛化合物 I（c）的颗粒形貌不规则且结构致密，其粒径小至

图 3 – 10   富钛渣(a)、配位浸出渣(b)、过氧钛化合物 I (c)
及其在 800℃下煅烧 4 h 所得 TiO$_2$(d) 的 SEM 图

0.5 μm，大至 6 μm，这说明 Ti(Ⅳ) 在缩聚过程中发生了严重团聚，颗粒团聚可能是由于 PTC 水合离子带电引起的。Schwarzenbach 等[246, 247] 的研究表明，PTC 水合离子的等电点为 pH = 3，当 pH < 3 时水合离子带正电，当 pH > 3 时水合离子带负电。在本实验中，虽然大部分 NH$_4^+$ 在加热过程中分解成 NH$_3$ 逸出，但体系的 pH 仍然大于 3，因此 PTC 水合离子带负电，从而在缩聚过程中形成胶团，发生团聚。另外，过氧钛化合物煅烧后所得 TiO$_2$(d) 的颗粒也较粗大，约几微米。因此，如何防止颗粒团聚、细化产物粒径也是后续研究的重点。

3.3.3.4   红外分析

图 3 – 11 为过氧钛化合物 I 的 IR 图谱。图中 3100 ~ 3500 cm^{-1} 的宽吸收峰对应于水分子或—OH(如 Ti—OH) 的伸缩振动，1626 cm^{-1} 附近的吸收峰对应于水分子或—OH 的弯曲振动[231, 232, 243]。1400 cm^{-1} 附近的吸收峰对应于 N—H 键的伸缩振动[232, 243]，这说明样品中有残余的 NH$_4^+$ 存在。900 cm^{-1} 附近的吸收峰对应于 O—O 的伸缩振动，而 680 cm^{-1} 附近的峰肩应归属于 Ti—O—O 的振动[231, 232, 243]。499 cm^{-1} 和 428 cm^{-1} 附近的吸收峰对应于 TiO$_2$ 晶格中 Ti—O 的振

动[231, 232]。虽然未鉴别出 1812 cm⁻¹ 和 1777 cm⁻¹ 附近的两个小吸收峰对应于哪种振动，但根据上述分析，过氧钛化合物 I 中存在 O—O 键、Ti—O 键、N—H 键、羟基—OH 和 H₂O 分子，因此，可将其化学式表述为：

$$(NH_4)_x (TiO_y)(O_2)_z (OH)_w \cdot u H_2 O$$

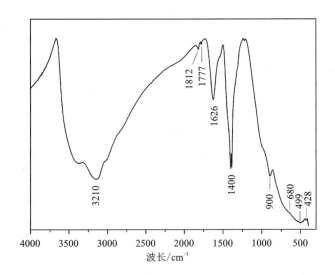

图 3 – 11　过氧钛化合物 I 的 IR 图谱

3.3.3.5　热重分析

图 3 – 12 为过氧钛化合物 I 在空气气氛中的 TG – DTA 曲线。从 TG 曲线可知，从室温至 400℃样品失重 24.1%，伴随着 243℃附近宽大的放热峰，这是样品中过氧键和 NH₄⁺的分解过程[231, 243]；样品在 400℃之后几乎无失重，因此 468℃附近出现小放热峰应对应于 TiO₂ 由无定形转变为锐钛型的过程；500℃以后既无失重，又无吸收或放热峰存在，这对应于晶体生长的过程。以上分析说明过氧钛化合物在较低温度下就能完全分解，残余的 NH₄⁺不会作为杂质保留在最终产物中，且所得 TiO₂能在较宽的温度范围内保持锐钛型结构。

综上所述，最优浸出条件下得到的过氧钛化合物 I 含有少量的 Si（约 1%），其化学式可表述为 $(NH_4)_x (TiO_y)(O_2)_z (OH)_w \cdot u H_2 O$；该化合物在 400~800℃煅烧后的产物为锐钛型 TiO₂，1000℃煅烧后的产物为金红石型 TiO₂，其纯度均在 98% 以上（含 1%~2% 的 Si）。另外，过氧钛化合物和 TiO₂ 的颗粒都较粗，不适合作为锂离子电池负极材料 Li₄Ti₅O₁₂的前驱体。因此，后续研究的重点是进一步除 Si 和细化颗粒。

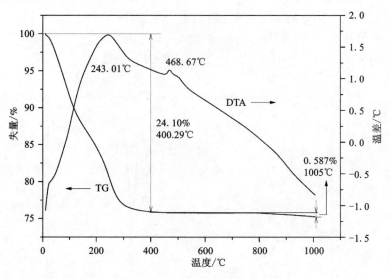

图 3 – 12   过氧钛化合物 I 的 TG – DTA 曲线

（测试条件：空气气氛，升温速率 5℃/min）

3.4   特殊形貌的过氧钛化合物和 TiO_2 的制备与表征

由 3.3 节可知，在 Ti(Ⅳ) – H_2O_2 – NH_3 体系中，由钛过氧化配合物溶液直接加热制备的过氧钛化合物 I 和 TiO_2 都含有少量 Si，且颗粒粗大。因此，本节的主要目标为除 Si 和细化产物颗粒，然而，研究不仅达到了目标，而且还获得了特殊形貌的纳米级产物。

3.4.1   针球状过氧钛化合物以及线状、棒状 TiO_2 的制备与表征

3.4.1.1   理论依据

在 3.3.3.3 节中分析到，当 pH > 3 时 PTC 水合离子带负电[246, 247]，在缩聚过程中容易形成胶团从而发生团聚，因此，需要加入正电离子防止团聚。考虑到钛盐与钠盐、钾盐反应很容易形成纳米晶须，如 $Na_2Ti_3O_7$、$K_2Ti_4O_9$ 和 $K_2Ti_6O_{13}$ 晶须[248-251]，因此，向 PTC 水合离子中加入 Na^+ 或 K^+ 不仅能防止颗粒团聚，而且可能形成特殊形貌的纳米级产物。由于钠盐较钾盐便宜，因此，选用钠盐作添加剂；又为了尽量少引入杂质，最终选择了 NaOH。可能的反应原理为：过氧化钛配合物与 Na^+ 形成针球状化合物沉淀［式(3 – 5)］；该沉淀用稀酸洗涤，发生质子交换反应，Na^+ 被 H^+ 取代，形成针球状的过氧钛化合物 Ⅱ（式(3 – 6)）；该过氧化

钛化合物在不同温度下煅烧，逐步形成线状、棒状的 TiO₂ 晶体[式(3–7)]。

$$(NH_4)_x(TiO_y)(O_2)_z(OH)_w + NaOH \xrightarrow{\triangle} Na_x(TiO_y)(O_2)_z(OH)_{w(针状)} + NH_3\uparrow + H_2O \tag{3-5}$$

$$Na_x(TiO_y)(O_2)_z(OH)_{w(针状)} + H^+_{(稀)} \xrightarrow{\triangle} H_x(TiO_y)(O_2)_z(OH)_{w(针状)} + Na^+ \tag{3-6}$$

$$H_x(TiO_y)(O_2)_z(OH)_{w(针状)} \xrightarrow{煅烧} TiO_{2(线状)} \xrightarrow{煅烧} TiO_{2(棒状)} \tag{3-7}$$

图 3 – 13　过氧钛化合物 II 与其在不同温度下煅烧 4 h 后所得 TiO₂ 的 SEM 图
(a)过氧钛化合物；(b) TiO₂ 400℃；(c) TiO₂ 600℃；(d) TiO₂ 800℃

3.4.1.2　形貌分析

图 3 – 13 为过氧钛化合物 II 与其在不同温度下煅烧后所得 TiO₂ 的 SEM 图。由图可知，加入 Na⁺ 后所得过氧钛化合物为多孔针球状，球径 1 ~ 2 μm，针的长度约几百纳米。该化合物于 400℃ 下煅烧 4 h 后所得 TiO₂ 呈线状，线长 100 ~ 200 nm；在 600℃ 下煅烧 4 h 后所得 TiO₂ 依然呈线状，只是线条稍稍变粗和变长，并且有向棒状转化的趋势；而在 800℃ 煅烧 4 h 后，TiO₂ 完全转化为棒状，棒长 200 ~ 500 nm，宽和高 20 ~ 40 nm。因此，正如理论预测的结果一样，不仅达到了细化颗粒和防止团聚的目的，而且还获得了特殊形貌的产物。

3.4.1.3　元素分析

图 3 – 14 为过氧钛化合物 II 与其在 800℃ 煅烧 4 h 后所得 TiO₂ 的 EDS 图谱。

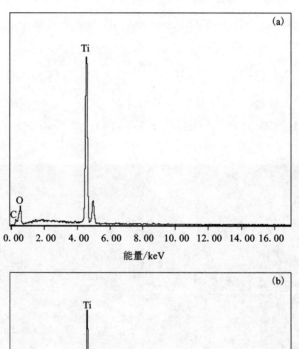

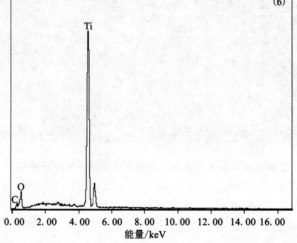

图 3 – 14　过氧钛化合物 Ⅱ (a) 与其在 800℃下煅烧 4 h 所得 TiO₂(b) 的 EDS 图谱

由图(a)可知，图谱中并没有 Na 峰，说明 Na⁺已经被质子交换；与图 3 – 6(c) 相比，图谱中也不存在 Si 峰，说明样品中几乎不含 Si。除 Si 的原理可能为：未加入 Na⁺时的 PTC 水合离子带负电，在聚合时形成胶团，而这些胶团很容易吸附溶液中的各种离子，如 Si、N 等(图 3 – 6)；而在加入 Na⁺后，PTC 水合离子不带电，在聚合时不会形成胶团，沉淀物的颗粒细小，容易洗涤，因此产物不含 Si、N 等杂质。由图(b)可知，TiO₂的 EDS 峰形与过氧钛化合物 Ⅱ 相似，也只含有 O 和 Ti，说明产物纯度高。进一步用滴定法测定了产物中 TiO₂的含量，结果高达 99.3%。

因此，Na⁺ 的加入同时也达到了除去杂质、提高产物纯度的效果。

3.4.2 片状过氧钛化合物的制备与表征

3.4.2.1 理论依据

在 3.4.1 节中，用 Na^+ 作为模版剂首先形成针球状 $Na_x(TiO_y)(O_2)_z(OH)_w$，然后多次洗涤生成针球状 $H_x(TiO_y)(O_2)_z(OH)_w$。此过程虽然能合成细颗粒的产物，且除 Si 效果好，但是除 Na 时需经多次洗涤(质子交换)，因此水的消耗量大。在本节中，用 LiOH 替代 NaOH，因为中间产物 $Li_x(TiO_y)(O_2)_z(OH)_w$(命名为过氧钛化合物Ⅲ)可以直接用来制备 $Li_4Ti_5O_{12}$，无需洗涤除 Li，因此省去了操作步骤，减少了废水的产生。其可能的原理如下：

$$(NH_4)_x(TiO_y)(O_2)_z(OH)_w + LiOH \xrightarrow{\triangle} Li_x(TiO_y)(O_2)_z(OH)_{w(片状)} + NH_3\uparrow + H_2O$$

$$(3-8)$$

利用上述制备的 $Li_x(TiO_y)(O_2)_z(OH)_w$，只需添加适量的 Li 盐，即可直接制备锂离子电池负极材料 $Li_4Ti_5O_{12}$(见 3.5 节)。

3.4.2.2 形貌分析

图 3-15 为过氧钛化合物Ⅲ的 SEM 图。由图可知，样品的一次颗粒呈片状，片的长宽为 100~200 nm，这些片状颗粒团聚在一起形成球形的二次颗粒，其粒径为 0.4~1 μm。这些球形二次颗粒疏松多孔，在球磨时极易破碎，因此容易与 Li 源混合均匀，从形貌上来说适合作为 $Li_4Ti_5O_{12}$ 的前驱体。

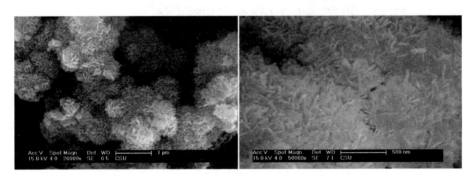

图 3-15　过氧钛化合物Ⅲ的 SEM 图

3.4.2.3 元素分析

图 3-16 为过氧钛化合物Ⅲ的 EDS 图谱。由图可知，样品不含 Si、N 等杂质，这说明 Li⁺ 的除杂效果与 Na⁺ 相当。然而，样品中应该含有大量的 Li，但无法用 EDS 测出。由于 Li 盐价格较高，所以此方法不适合用来制备 TiO₂，仅适合

用于制备 $Li_4Ti_5O_{12}$ 的前驱体, 因为前驱体中的 Li^+ 不需被质子交换, 而可以直接作为制备钛酸锂中的 Li 源。因此, Li^+ 的加入达到了除去杂质、提高产物纯度的目的, 而且还减少了合成 $Li_4Ti_5O_{12}$ 的工艺步骤, 减少了废水的产生。

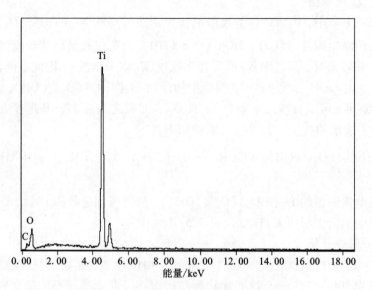

图 3 – 16 过氧钛化合物Ⅲ的 EDS 图谱

3.5 $Li_4Ti_5O_{12}$ 的制备与电化学性能研究

3.5.1 制备原理

分别用四种前驱体制备锂离子电池负极材料 $Li_4Ti_5O_{12}$, 以富钛渣(记为 $TiO_2 \cdot xH_2O$)为前驱体时的反应方程见式(3 – 9); 以过氧钛化合物Ⅰ、Ⅱ和Ⅲ为前驱体时的反应方程式分别见式(3 – 10)至式(3 – 12)。

$$TiO_2 \cdot xH_2O + Li_2CO_3 \xrightarrow{800℃} Li_4Ti_5O_{12} + CO_2 \uparrow + H_2O \uparrow \qquad (3 – 9)$$

$$(NH_4)_x(TiO_y)(O_2)_z(OH)_w \cdot uH_2O + Li_2CO_3 \xrightarrow{800℃} Li_4Ti_5O_{12} + H_2O \uparrow + O_2 \uparrow + CO_2 \uparrow + NH_3 \uparrow \qquad (3 – 10)$$

$$H_x(TiO_y)(O_2)_z(OH)_w \cdot uH_2O + Li_2CO_3 \xrightarrow{800℃} Li_4Ti_5O_{12} + H_2O \uparrow + O_2 \uparrow + CO_2 \uparrow \qquad (3 – 11)$$

$$Li_x(TiO_y)(O_2)_z(OH)_w \cdot uH_2O + Li_2CO_3 \xrightarrow{800℃} Li_4Ti_5O_{12} + H_2O\uparrow + O_2\uparrow + CO_2\uparrow$$

$$(3-12)$$

3.5.2　结构分析

图 3 - 17 为从不同前驱体制备的 Li₄Ti₅O₁₂ 样品的 XRD 图谱。由图可知，直接以富钛渣为前驱体制备的 Li₄Ti₅O₁₂ 含有 Li₂(TiSiO₅)、TiO₂ 和 Li₂TiO₃ 三种杂相，Li₂(TiSiO₅) 的产生是由于前驱体中的 Si 含量过高引起的，而 TiO₂ 和 Li₂TiO₃ 两种杂相的出现则主要是由于前驱体的颗粒粗大(图 3 - 10)，从而导致 Ti 盐与 Li 盐混合不均匀引起的。以过氧钛化合物 Ⅰ 为前驱体制备的 Li₄Ti₅O₁₂ 含有 TiO₂ 和 Li₂TiO₃ 两种杂相，主要原因也是前驱体的颗粒粗大(图 3 - 10)。以过氧钛化合物 Ⅱ 和 Ⅲ 为前驱体制备的 Li₄Ti₅O₁₂ 均为单一的尖晶石结构(立方晶系，Fd - 3m 空间群)，无任何杂质峰，这是由于两种前驱体均为纳米级颗粒，容易与 Li 盐混合均匀，而且前驱体的 Si 含量很少，因此所得产物不含杂相。

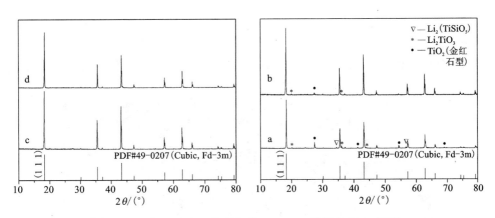

图 3 - 17　从不同前驱体制备的 Li₄Ti₅O₁₂ 样品的 XRD 图谱

(a) 富钛渣；(b) 过氧钛化合物 Ⅰ；(c) 过氧钛化合物 Ⅱ；(d) 过氧钛化合物 Ⅲ

用 Rietveld 全谱拟合法对各样品的晶格常数和晶胞体积进行了精修，其结果列于表 3 - 4，各样品的晶格常数均与 PDF 标准卡(#49 - 0207)的值 8.359 Å 接近。

另外，根据(111)面衍射峰的数据，用 Scherrer 公式(式 2 - 26)计算了样品的微晶尺寸，结果表明各样品的微晶尺寸 $D_{(111)}$ 相差较大，最小的为样品 b(54.50 nm)，最大的为样品 d(62.17 nm)，这与样品的结晶度有关。

表 3 – 4 从不同前驱体制备的 $Li_4Ti_5O_{12}$ 的晶格常数、晶胞体积和微晶尺寸

样品	晶格常数 $a/Å$	晶胞体积 $V/Å^3$	微晶尺寸 $D_{(111)}$/nm
a	8.3608	584.44	57.27
b	8.3622	584.74	54.50
c	8.3601	584.30	56.33
d	8.3568	583.61	62.17

注：样品 a、b、c 和 d 分别由富钛渣、过氧钛化合物 I、II 和 III 制备。

3.5.3 形貌分析

图 3 – 18 所示为从不同前驱体制备的 $Li_4Ti_5O_{12}$ 的 SEM 图。由图(a)可知，直接从富钛渣制备的 $Li_4Ti_5O_{12}$ 粒度较细，为 0.2～1 μm。虽然富钛渣的二次颗粒较粗(1～10 μm，见图 3 – 10)，但疏松多孔，且一次颗粒为纳米级，因此在球磨时粗颗粒很容易被破碎成细小的一次颗粒，使得最终产物的颗粒也较细。由图(b)可知，以过氧钛化合物 I 为前驱体制备的 $Li_4Ti_5O_{12}$ 颗粒很粗，且粒径分布不均，这是由于前驱体的粒径较粗且结构致密(图 3 – 10)，使得球磨时其颗粒也不易被破碎造成的。由图(c)可知，虽然过氧钛化合物 II 为纳米针球状(图 3 – 13)，但以它为前驱体制备的 $Li_4Ti_5O_{12}$ 形貌与其相差巨大，为类球形，粒径为 1～2 μm，

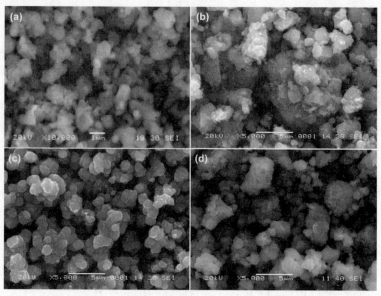

图 3 – 18 从不同前驱体制备的 $Li_4Ti_5O_{12}$ 样品的 SEM 图

(a)富钛渣；(b)过氧钛化合物 I；(c)过氧钛化合物 II；(d)过氧钛化合物 III

而且存在部分颗粒团聚的现象，因此，有必要进一步细化产物颗粒和防止团聚。由图(d)可知，以过氧钛化合物Ⅲ为前驱体制备的 $Li_4Ti_5O_{12}$ 也没有继承其纳米片状(图 3 – 15)的形貌特征，变成了类球形颗粒，其一次颗粒为 $0.5 \sim 1\ \mu m$，但许多一次颗粒团聚成 $3 \sim 5\ \mu m$ 的二次颗粒，因此，也有必要进一步细化产物颗粒和防止团聚。上述分析表明，以过氧钛化合物为前驱体制备 $Li_4Ti_5O_{12}$ 时，产物并不能继承前驱体的形貌特征。

3.5.4　电化学性能研究

由不同前驱体制备的 $Li_4Ti_5O_{12}$ 在不同倍率下的首次充放电曲线见图 3 – 19。由图(a)可知，直接从富钛渣制备的 $Li_4Ti_5O_{12}$ 容量很低且极化很大，它在 0.1C 倍率下的首次充电比容量仅为 $106.5\ mA \cdot h/g$，且倍率性能很差，这主要是杂质含量太高引起的。由图(b)可知，从过氧钛化合物Ⅰ制备的 $Li_4Ti_5O_{12}$ 在 0.1C、0.5C 和 1C 倍率下的首次充电比容量分别为 $142.4\ mA \cdot h/g$、$114.9\ mA \cdot h/g$ 和 $90.6\ mA \cdot h/g$，虽然较未除杂前的性能已有较大提高，但其容量和倍率性能仍然较差，这是由于样品的颗粒粗大且含少量的 Si 引起的。由图(c)可知，从过氧钛化合物Ⅱ制备的 $Li_4Ti_5O_{12}$ 在 0.1C、0.5C 和 1C 倍率下的首次充电比容量分别为 $158.5\ mA \cdot h/g$、$140.7\ mA \cdot h/g$ 和 $118.2\ mA \cdot h/g$，其 0.1C 倍率下的容量已与理论容量($172\ mA \cdot h/g$)相差不大，倍率性能较好，充放电曲线的极化也小，这与样品为纯相且颗粒较细有关。由图(d)可知，从过氧钛化合物Ⅲ制备的 $Li_4Ti_5O_{12}$ 在 0.1C、0.5C 和 1C 倍率下的首次充电比容量分别为 $161.6\ mA \cdot h/g$、$136.7\ mA \cdot h/g$ 和 $112.2\ mA \cdot h/g$，其 0.1C 倍率下的容量与理论容量接近，倍率性能也较好，但比样品 c 略差，这与样品颗粒的团聚有关，因此进一步细化颗粒和防止团聚是提高其电化学性能的关键。

从不同前驱体制备的 $Li_4Ti_5O_{12}$ 在不同倍率下的循环性能曲线见图 3 – 20。由于测试在室温下进行，而 $Li_4Ti_5O_{12}$ 的电化学性能与温度有关，因此循环性能曲线上容量的波动主要由室温的变化引起。由图可知，虽然样品 a 在各倍率下的容量都很低，但其循环性能却不差。样品 b 在 0.1C 下循环 20 次后的容量无衰减，在 0.5C 和 1C 倍率下循环 50 次后的容量分别为 $111.0\ mA \cdot h/g$ 和 $84.5\ mA \cdot h/g$，分别保持了首次容量的 96.6% 和 93.3%。样品 c 在各倍率下的循环性能均很好，如在 0.1C 倍率下循环 30 次后的比容量为 $155.3\ mA \cdot h/g$，保持了初始容量的 98.0%；在 0.5C 和 1C 倍率下循环 50 次后的比容量分别为 $137.5\ mA \cdot h/g$ 和 $116.1\ mA \cdot h/g$，相对于首次的容量保持率分别为 97.7% 和 98.2%。样品 d 在 0.1C、0.5C 和 1C 倍率下循环 50 次后的比容量分别为 $152.6\ mA \cdot h/g$、$127.8\ mA \cdot h/g$ 和 $104.5\ mA \cdot h/g$，相对于首次的容量保持率分别为 94.4%、93.5% 和 93.1%，比样品 c 稍差。

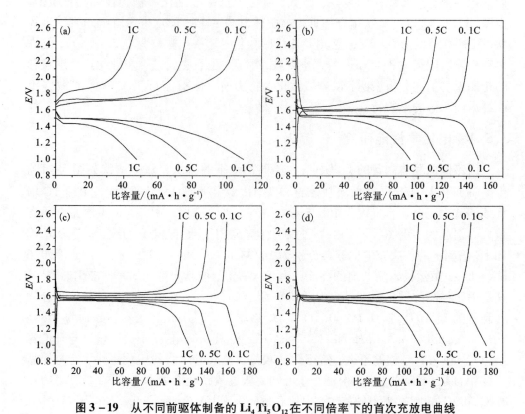

图 3-19 从不同前驱体制备的 $Li_4Ti_5O_{12}$ 在不同倍率下的首次充放电曲线

(a) 富钛渣;(b) 过氧钛化合物 I;(c) 过氧钛化合物 II;(d) 过氧钛化合物 III

(测试条件: 正极 $Li_4Ti_5O_{12}$, 负极 Li, 室温, 恒流放至 1.0 V, 恒流充至 2.5 V)

综上所述, 以富钛渣定向净化后获得的过氧钛化合物为前驱体, 制备了性能较好的 $Li_4Ti_5O_{12}$, 其性能与样品的纯度和粒度有关, 因此提高前驱体的纯度、细化前驱体颗粒以及防止颗粒在烧结过程中团聚是制备高性能 $Li_4Ti_5O_{12}$ 负极材料的关键。从目前的结果来看, 制备的过氧钛化合物前驱体已经达到了高纯度、细颗粒 (纳米级针球状、片状) 的要求, 因此, 如何防止颗粒在烧结过程中团聚是制备性能较好的 $Li_4Ti_5O_{12}$ 的关键, 这将在以后的科研工作中进一步研究。

3.6 小结

(1) 利用 Ti^{4+} 与 O_2^{2-} 容易形成配合物的特点, 选择了 $Ti(IV)-H_2O_2-NH_3$ 体系, 将 Ti 从富钛渣中成功浸出。配位浸出的最优条件为: $H_2O_2/$水解渣的质量比为 6, pH = 9, 反应温度 40℃, 时间 10~20 min, H_2O_2 浓度为 10%。在最优条件下

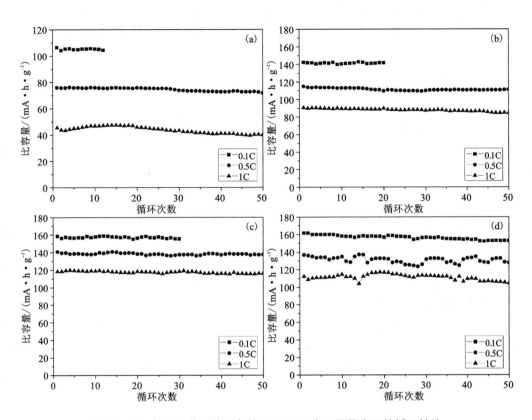

图 3 - 20　从不同前驱体制备的 Li₄Ti₅O₁₂在不同倍率下的循环性能

(a) 富钛渣；(b) 过氧钛化合物 Ⅰ；(c) 过氧钛化合物 Ⅱ；(d) 过氧钛化合物 Ⅲ

(测试条件：正极 Li₄Ti₅O₁₂，负极 Li，室温，恒流放至 1.0 V，恒流充至 2.5 V)

Ti 的浸出率达 98.9%。

(2)以配位浸出液为原料，直接加热制备了颗粒粗大且含少量杂质 Si 的过氧钛化合物，且将其煅烧后制备的 TiO₂和钛酸锂亦颗粒粗大。

(3)以配位浸出液为原料，在加热前添加适量的 NaOH 模板剂，结果不仅防止了颗粒团聚，制备了纳米级针球状的过氧钛化合物，而且还成功地将 Si 除去；将该过氧钛化合物在 400～800℃下煅烧制备了线状和棒状的 TiO₂，其纯度高达99.3%。

(4)以配位浸出液为原料，在加热前添加适量的 LiOH 模板剂，制备了纳米级片状的过氧钛化合物，同时也成功地将 Si 除去。

(5)分别以富钛渣及其定向净化后获得的三种过氧钛化合物为前驱体，制备了锂离子电池负极材料 Li₄Ti₅O₁₂。结果表明，Li₄Ti₅O₁₂的电化学性能与前驱体的纯度及粒度密切相关。以针球状和片状过氧钛化合物为前驱体制备的 $Li_4Ti_5O_{12}$ 性能优良，二者在 0.1C 倍率下的首次充电比容量分别达到 158.5 mA·h/g 和 161.6 mA·h/g，在 1C 倍率下的首次充电比容量为 118.2 mA·h/g 和 112.2 mA·h/g，且均具有优异的循环性能。

第4章 钛铁矿浸出液定向净化制备 LiFePO₄ 及其前驱体的研究

4.1 引言

世界钛铁矿($FeTiO_3$)资源的储量大,约为 3.8 亿 $t^{[51]}$,目前人们主要是利用其中的钛元素生产钛白、海绵钛和人造金红石等,而其他元素如铁、镁、铝、锰等都没有得到很好的利用,这不仅浪费了资源,而且也会对环境造成严重污染。随着资源的日益缺乏和环境问题的日渐突出,加快研发综合利用矿物中各种元素的新技术、新工艺已成为矿物利用的必然趋势。

本研究提出用多元冶金的新思路对钛铁矿进行综合利用。在第2、第3章中,采用机械活化-盐酸浸出法对钛铁矿中的 Ti、Fe 等元素进行了分离,得到了富钛渣和富铁浸出液,并利用富钛渣制备了高品位人造金红石;之后又提出一种全新的工艺对富钛渣进行定向溶出,制备了纯度高于99%的纳米级 TiO_2 和高性能锂离子电池负极材料 $Li_4Ti_5O_{12}$。本章的主要目标是探索一种简单可靠的新工艺对富铁浸出液进行综合利用,期望达到节约资源、减少污染和增加产值的目的。

钛铁矿浸出液除了含有主元素 Fe 外,还含有大量的 Mg、Ti、Al、Mn、Ca 等杂质元素,因此很难回收利用。目前,研究者主要是通过将其蒸发浓缩—高温热解来制备 Fe_2O_3 和回收 $HCl^{[51,55,58,208]}$,但是这样制备出的产品杂质含量很高,附加值低,且能耗高;而如果利用其制备高纯铁盐,则必须采用大量的除杂工艺,成本极高。在此,本研究提出一种全新的方法来处理富铁浸出液,即选用合适的沉淀剂,通过选择性共沉淀法制备含少量杂质(如 Ti、Al 等)的 $FePO_4 \cdot xH_2O$,而后制备高性能锂离子电池正极材料 $LiFePO_4$;另外,在共沉淀的同时 Cl^- 与 H^+ 结合生成稀盐酸,可循环用于钛铁矿的浸出,形成盐酸的闭路循环。

近年来,作为锂离子电池正极材料的 $LiFePO_4$,因其具有理论比容量高($170 \ mA \cdot h/g$)、循环性能好、热稳定性好、价格低廉和环保等优点,成为最具有竞争力的大型锂离子动力电池正极材料[6-11]。$LiFePO_4$ 的性能在很大程度上取决于其前驱体铁盐的好坏,目前制备 $LiFePO_4$ 的铁源大多为分析纯铁盐,主要有草酸亚铁[24-27]、醋酸亚铁[28]、磷酸铁[29]、氧化铁[30,31]、硫酸亚铁[32-35]、硫酸铁[36,37]、氯化亚铁[38]、氯化铁[39,40],硝酸铁[41-44]等。这些分析纯铁盐的价格高，而且用它们制备高性能 $LiFePO_4$ 时往往需要添加一些对其电化学性能有益的掺杂元素（如 Mg、Mn、Al、Ti 等）[26, 27, 47-49]，而这些掺杂元素大多都存在于钛铁矿浸出液中，因此，只要控制元素的沉淀种类和量，即可利用浸出液一步制备 $LiFePO_4$ 的前驱体。这样既解决了钛铁矿浸出液难以回收利用的问题，还为高性能 $LiFePO_4$ 的制备提供了优质的原料。

本章从理论上分析了选择性共沉淀法制备 $LiFePO_4$ 前驱体的可行性，掌握了杂质定向净化的规律，并通过优化合成条件制备了高性能的 $LiFePO_4$，同时也为其他含铁的矿物或废渣（如钛白副产 $FeSO_4 \cdot 7H_2O$ 废渣）的综合利用提供了新的思路和理论指导。

4.2 实验

4.2.1 实验原料

实验所用原料为第 2 章中得到的钛铁矿浸出液，使用的主要试剂见表 4 - 1。

表 4 - 1 实验使用的试剂

试剂	级别	生产厂家
H_3PO_4	分析纯	广东西陇化工股份有限公司
$NH_3 \cdot H_2O$	分析纯	株洲市泰达化工有限公司
H_2O_2	分析纯	广东西陇化工股份有限公司
Li_2CO_3	电池级	江西赣锋锂业有限公司
$H_2C_2O_4 \cdot 2H_2O$	分析纯	上海国药集团化学试剂有限公司

4.2.2 实验设备

主要实验设备同第 3 章 3.3.2。

4.2.3 实验流程

浸出液的预处理：由于浸出液中含有残余的盐酸，为了减少合成过程中氨水的消耗，首先将浸出液加热至沸腾 10 min，以便将大部分游离的 HCl 蒸发、回收，并可循环用于浸出；然后将浸出液稀释至全 Fe 浓度为 0.25 mol/L，备用。

前驱体的制备：按 $n_P : n_{Fe} = n : 1$（其中 $n = 1$、1.1、1.2 和 1.3）将 H_3PO_4 加入到经过预处理的浸出液中，在强烈搅拌下加入足量的 H_2O_2，使得全部 Fe(Ⅱ) 氧化成 Fe(Ⅲ)，用 $NH_3 \cdot H_2O$ 调节 pH 至 2.0 左右，反应 20 ~ 30 min，将得到的乳

白色(或乳白偏黄)沉淀洗涤、过滤三次,然后于 100℃ 干燥 12 h 即得 LiFePO₄ 的前驱体——多元金属掺杂的 $FePO_4 \cdot 2H_2O$。

LiFePO₄ 的制备:按 $n_{Li} : n_{Fe} : n_C = 1 : 1 : 1.8$ 称取一定量的 Li_2CO_3、前驱体和乙二酸,以乙醇为介质,在常温下球磨 4 h 后得到浅绿色无定形前驱混合物,将混合物于 80℃ 烘干后置入程序控温管式炉,在高纯氩的保护下于 600℃ 煅烧 12 h,随炉冷却即得橄榄石型多元金属共掺杂的 LiFePO₄。

4.2.4　元素定量分析

4.2.4.1　铁元素的测定

采用重铬酸钾滴定法($SnCl_2$ – $HgCl_2$ 测铁法)[209] 测定钛铁矿浸出液和 LiFePO₄ 前驱体中的铁含量。测定溶液中铁含量的方法同 2.2.4.1,测定固体(前驱体)中铁含量的方法如下:

称取 0.2 ~ 0.25 g 试样置于 250 mL 锥形瓶中,加几滴水使试样润湿并分散,然后加入 10 mL 浓 HCl,盖上表面皿,于电炉上低温加热分解试样,分解完全后,用少量水吹洗表面皿和锥形瓶内壁,加热至沸腾,然后马上滴加 10% 的 $SnCl_2$ 溶液还原 Fe(Ⅲ)至黄色刚好消失,再过量滴加 1 ~ 2 滴后,迅速用水冷却至室温,再立即加入 5% 的 $HgCl_2$ 溶液 10 mL,摇匀,放置 2 ~ 3 min,此时应有白色絮状的 Hg_2Cl_2 沉淀(无白色沉淀或生成黑色沉淀均应弃去重做),加入 80 mL 水和 15 mL 硫磷混酸,滴加 5 ~ 6 滴二苯胺磺酸钠指示剂,之后立即用 $K_2Cr_2O_7$ 标准溶液滴定至溶液呈现稳定的紫色,即为终点。

$$W_{Fe} = \frac{6c_{K_2Cr_2O_7} \times V_{K_2Cr_2O_7} \times M_{Fe}}{10m} \times 100\% \qquad (4-1)$$

式中:W_{Fe} 为铁含量,g/L;$c_{K_2Cr_2O_7}$ 为 $K_2Cr_2O_7$ 标准溶液的浓度,mol/L;$V_{K_2Cr_2O_7}$ 为标定时消耗 $K_2Cr_2O_7$ 标准溶液的体积,mL;M_{Fe} 为 Fe 的摩尔质量,55.85 g/mol;m 为样品的质量,g。

4.2.4.2　锂元素的测定

用原子吸收光谱法测定样品中锂元素的含量。

4.2.4.3　杂质元素和磷元素的测定

采用 ICP – AES 法测定样品中杂质元素(Ti、Al、Mg、Ca、Mn 和 Si 等)和磷元素的含量,方法同 2.2.4.3。

4.2.4.4　碳元素的测定

采用德国 ELTER 公司生产的 CS800 红外碳/硫分析仪对样品中的碳含量进行分析。

4.2.5　物相及结构分析

用 XRD 及 Rietveld 全谱拟合法研究样品的物相及结构,方法同 2.2.5。

4.2.6 形貌分析

用 SEM 分析样品的形貌，方法同 2.2.6。

4.2.7 表面成分分析

用 EDS 分析样品的表面成分以及元素的分布，方法同 2.2.7。

4.2.8 微区结构及成分分析

用高分辨率透射电镜(HRTEM，场发射)、电子衍射和 EDS 对样品的微区形貌、结构及成分进行分析。

4.2.9 TG – DTA 分析

采用美国产 SDTQ600 对样品进行热重 – 差热分析。测试温度从室温至 1000℃，升温速度为 5℃/min，测试 $FePO_4 \cdot 2H_2O$ 时的气氛为干燥空气，测试前驱体混合物时的气氛为高纯氩气，参比物为 $\alpha – Al_2O_3$。

4.2.10 电化学测试

4.2.10.1 电池的组装及电化学性能测试

按质量比 8∶1∶1 称取 $LiFePO_4$ 粉末、乙炔黑和黏接剂 PVDF(聚偏氟乙烯)，研磨均匀后滴加适量 NMP(N – 甲基吡咯烷酮)，继续研磨至糊状，将所得浆料均匀地涂布在铝箔上，然后在鼓风干燥箱中温度为 120℃下干燥 4 h，取出后制成直径为 14 mm 的圆片作为正极(活性物质载荷为 1.95 ~ 2 mg/cm)。将正极片置于真空干燥箱中 12 h，取出后立即转入充满氩气的手套箱，将其与负极片(直径 15 mm、厚度 0.3 mm 的 Li 片)、隔膜(Celgard2400 微孔聚丙烯膜)和电解液[1 mol/L $LiPF_6$/ EC + EMC + DMC(体积比 1∶1∶1)]组装成 CR2025 型扣式电池。电池静置 12 h 后用 Newware 电池测试系统(5 V/1 mA 或 5 V/10 mA)进行测试。测试在室温下进行，电压范围为 2.5 ~ 4.1 V。

4.2.10.2 循环伏安与交流阻抗测试

采用上海辰华 CHI660A 电化学工作站进行交流阻抗及循环伏安测试。测试均在室温下进行。其中循环伏安扫描电压区间为 2.5 ~ 4.5 V，扫描速率 0.1 ~ 2 mV；交流阻抗测试频率范围为 0.01 ~ 100 kHz，振幅为 5 mV。

4.3 理论依据

溶度积规则：某一难溶电解质，在一定条件下沉淀能否生成或溶解，可用溶度积规则判断[217, 252]。溶液中构成某物质的各离子浓度的乘积叫离子积,用 Q_i 表示。Q_i 的表示方式与该物质的 $K_{sp}^\ominus$ 表示方式相同,区别是离子积 Q_i 表示在任意情况下难溶电解质的离子浓度的乘积,其数值视条件改变而改变,$K_{sp}^\ominus$ 仅是 Q_i 的一个特例,代入 $K_{sp}^\ominus$ 表达式的离子浓度必须是难溶电解质饱和溶液中构晶离子的平衡浓度。在任何给定的溶液中,若:

当 $Q_i = K_{sp}^\ominus$ 时,溶液维持原状。若溶液中有固体存在,则可以建立固相 – 液相间的沉淀溶解动态平衡,此时,溶液为饱和溶液。若溶液中没有固体存在,则上述平衡不存在,此时溶液严格来说并不是饱和溶液,可称之为准饱和溶液。

当 $Q_i < K_{sp}^\ominus$ 时,表示溶液未饱和,无沉淀析出,如果溶液中有足量的固体存在(或加入固体),固体将溶解,直至 $Q_i = K_{sp}^\ominus$,溶液成为饱和溶液为止。

当 $Q_i > K_{sp}^\ominus$ 时,溶液为过饱和溶液,将有沉淀析出,直至 $Q_i = K_{sp}^\ominus$,溶液成为饱和溶液为止。

这就是溶度积规则,据此可以控制溶液的离子浓度,使沉淀生成或溶解。

由钛铁矿浸出液与 H_3PO_4 组成的体系中,可能生成的沉淀主要为难溶磷酸盐沉淀和难溶氢氧化物沉淀,其初始沉淀 pH 的计算公式如下。

(1)难溶氢氧化物

难溶氢氧化物在溶液中有如下平衡:

$$M^{n+} + nOH^- \rightleftharpoons M(OH)_n$$

根据溶度积规则,产生沉淀时

$$Q_i = c(M^{n+}) \cdot c(OH^-)^n / C^\ominus > K_{sp}^\ominus \tag{4-2}$$

此时:

$$c(OH^-) > \sqrt[n]{\frac{K_{sp}^\ominus}{c(M^{n+})/C^\ominus}} \ (mol/L) \tag{4-3}$$

由于

$$pH = -\lg c(H^+) = 14 - [-\lg c(OH^-)] \tag{4-4}$$

因此,产生沉淀时的 pH 必须满足:

$$pH > 14 + \lg \sqrt[n]{\frac{K_{sp}^\ominus}{c(M^{n+})/C^\ominus}} \tag{4-5}$$

(2)难溶磷酸盐

当正离子为二价时,难溶磷酸盐在溶液中有如下平衡:

$$3M^{2+} + 2PO_4^{3-} \rightleftharpoons M_3(PO_4)_2$$

$M_3(PO_4)_2$ 产生沉淀时所需 $c(PO_4^{3-})$ 为:

$$c(PO_4^{3-}) > \sqrt{\frac{K_{sp}^\ominus}{[c(M^{2+})/C^\ominus]^3}} \ (mol/L) \tag{4-6}$$

H_3PO_4是三元弱酸，$c(PO_4^{3-})$与$c(H^+)$的关系为：

$$\frac{[c(PO_4^{3-})/C^\ominus][c(H^+)/C^\ominus]^3}{c(H_3PO_4)/C^\ominus} = K_{a1}^\ominus K_{a2}^\ominus K_{a3}^\ominus \qquad (4-7)$$

其中$K_{a1}^\ominus$，$K_{a2}^\ominus$和$K_{a3}^\ominus$分别为H_3PO_4的一级、二级和三级电离常数，$K_{a1}^\ominus = 7.6 \times 10^{-3}$，$K_{a2}^\ominus = 6.3 \times 10^{-8}$，$K_{a3}^\ominus = 4.4 \times 10^{-13}$ [216]。

因此，开始沉淀时的H^+浓度必须满足：

$$c(H^+) = \sqrt[3]{\frac{K_{a1}^\ominus K_{a2}^\ominus K_{a3}^\ominus c(H_3PO_4)/C^\ominus}{c(PO_4^{3-})/C^\ominus}} < \sqrt[3]{\frac{K_{a1}^\ominus K_{a2}^\ominus K_{a3}^\ominus c(H_3PO_4)/C^\ominus}{\{K_{sp}^\ominus/[c(M^{2+})/C^\ominus]^3\}/2}} (mol/L) (4-8)$$

由此可得，产生沉淀时的pH必须满足：

$$pH = -\lg c(H^+) > -\lg \sqrt[3]{\frac{K_{a1}^\ominus K_{a2}^\ominus K_{a3}^\ominus c(H_3PO_4)/C^\ominus}{\{K_{sp}^\ominus/[c(M^{2+})/C^\ominus]^3\}/2}} \qquad (4-9)$$

同理，当正离子为三价或四价时，产生难溶化合物沉淀时的pH必须分别满足如下条件：

正离子为三价时：

$$pH > -\lg \sqrt[3]{\frac{K_{a1}^\ominus K_{a2}^\ominus K_{a3}^\ominus c(H_3PO_4)/C^\ominus}{K_{sp}^\ominus/[c(M^{3+})/C^\ominus]}} \qquad (4-10)$$

正离子为四价时：

$$pH > -\lg \sqrt[3]{\frac{K_{a1}^\ominus K_{a2}^\ominus K_{a3}^\ominus c(H_3PO_4)/C^\ominus}{\{K_{sp}^\ominus/[c(M^{4+})/C^\ominus]^3\}/4}} \qquad (4-11)$$

4.4 探索实验

4.4.1 浸出液定向净化制备 $FePO_4 \cdot 2H_2O$ 的研究

4.4.1.1 理论计算

探索实验以20%盐酸浸出钛铁矿时所得浸出液为原料，该浸出液中各元素的原始含量为：Fe 40.22 g/L、Mg 4.762 g/L、Mn 0.601 g/L、Al 1.142 g/L、Ca 0.647 g/L、Ti 0.372 g/L 和 Si 0 g/L。由于浸出液中还残余了较多的盐酸，为了减少合成过程中氨水的消耗，首先将浸出液加热至沸腾 10 min，以便将大部分游离的 HCl 蒸发、回收，并可循环用于浸出。将浸出液稀释至全 Fe 浓度为 0.25 mol/L，此时浸出液中各元素的浓度见表 4-2。

表 4 - 2 钛铁矿浸出液(20%盐酸浸出)稀释后各元素的原始含量、
相应难溶化合物在 25℃时的 $pK_{sp}^{\ominus}$ 以及理论初始沉淀 pH

元素	Fe	Mg	Mn	Al	Ca	Ti	Si
浸出液稀释后的浓度/(mol·L⁻¹)	0.25	0.0680	0.0038	0.0147	0.0056	0.0027	0
难溶化合物 $pK_{sp}^{\ominus}$ (25℃)[216, 253]	21.89	23~27	12	18.24	28.7	29	—
理论初始沉淀 pH	0.318	3.496 - 4.163	4.219	0.728	3.755	0.784	—

注: $pK_{sp}^{\ominus} = -\lg K_{sp}^{\ominus}$。

查阅各元素的难溶化合物,发现此体系中磷酸盐的溶度积相差最大,因此用磷酸根作沉淀剂容易将 Fe 与其他元素分离。在磷酸盐体系中,除了考虑难溶磷酸盐外,还需考虑水解产物的可能性,如 Ti^{4+} 极易水解(见 2.3.1.1)等。综合考虑,该体系中最可能生成的沉淀为 $FePO_4$、$Mg_3(PO_4)_2$、$MnNH_4PO_4$、$AlPO_4$、$Ca_3(PO_4)_2$ 和 $TiO(OH)_2$,利用相关化合物的 $pK_{sp}^{\ominus}$,通过式(4-5)至式(4-11)计算得到它们初始沉淀之 pH 列见表 4-2。

由表 4-2 可知,Fe、Al 和 Ti 产生沉淀的初始 pH 分别为 0.318、0.728 和 0.784,而其他元素形成沉淀的初始 pH 均在 3.4 以上。因此,理论上若控制 pH 在一定的范围便可将元素选择性沉淀。如控制 0.318 < pH < 0.7,将只有 $FePO_4$ 生成,但是以往的研究[37, 254] 表明,在 pH ≤ 1.5 时合成的 $FePO_4$ 不适合作为 LiFePO₄ 的前驱体,因为产物的电化学性能很差。本课题组曾对 $FePO_4$ 的合成做过大量的研究[37, 254],发现 pH = 2.0~2.1 时合成的 $FePO_4 \cdot xH_2O$ 最适合作为 LiFePO₄ 的前驱体,而在此 pH 下只有 Fe、Al、Ti 会产生沉淀,其他元素将保留在溶液中,因此,决定在 pH = 2.0 左右进行实验。

4.4.1.2 元素及 TG - DTA 分析

以上述理论分析为指导,用 H_3PO_4 作沉淀剂($n_P : n_{Fe} = 1.1$),在 pH 为 2.0 的条件下合成了 $FePO_4 \cdot xH_2O$,原料(浸出液)和产物中各元素的物质的量比见表 4-3。结果表明,浸出液中的 Mg、Mn 和 Ca 完全保留在溶液中,没有产生沉淀,这与理论计算的结果非常一致。Fe 的沉淀率约 99.6%,Ti 也几乎完全沉淀,而 Al 约沉淀了 30%。因此,在此条件下基本达到了 Fe 与其他杂质分离的效果,但是含少量 Al、Ti 的 $FePO_4 \cdot xH_2O$ 是否能作为合成 LiFePO₄ 的优质原料还需进一步研究。

表 4-3　钛铁矿浸出液和 $FePO_4 \cdot xH_2O$ 中 Fe、Mg、Mn、Al、Ca、Ti 和 Si 的物质的量比

元素	Fe	Mg	Mn	Al	Ca	Ti	Si
浸出液（20%盐酸浸出）	100	27.2	1.52	5.88	2.24	1.080	约0
$FePO_4 \cdot xH_2O$	100	约0	约0	1.694	约0	1.086	约0

元素分析表明产物 $FePO_4 \cdot xH_2O$ 的 Fe 含量为 29.06%，与 $FePO_4 \cdot 2H_2O$ 的理论 Fe 含量(29.89%)非常接近，说明结晶水个数 $x=2$。为了进一步研究其组成，用 TG-DTA 对其进行了分析(图 4-1)。由 TG 曲线可知，从室温至 404℃ 样品失重约 17.7%，伴随着 142℃ 附近的吸热峰，这是样品中自由水和结晶水的脱去过程；从 404℃ 至 1005℃ 样品失重 2.8%，这是残余结晶水和残余氯离子的脱去过程；DTA 曲线上 552℃ 附近的放热峰，对应着 $FePO_4$ 从非晶态转变为晶态的过程[155]。整个过程中样品总失重约 20.49%，与 $FePO_4 \cdot 2H_2O$ 转变为 $FePO_4$ 的理论失重量 19.25% 接近，进一步证明前驱体为 $FePO_4 \cdot 2H_2O$。

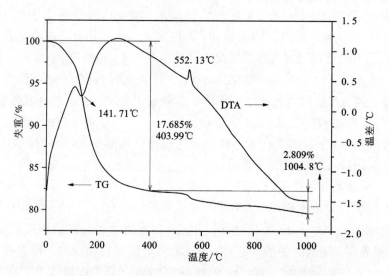

图 4-1　$FePO_4 \cdot xH_2O$ 的 TG-DTA 曲线

4.4.1.3　物相分析

图 4-2 为从富铁浸出液制备的 $FePO_4 \cdot 2H_2O$ 在煅烧前后的 XRD 图谱。由图可知，煅烧前的 $FePO_4 \cdot 2H_2O$ 没有明显的衍射峰，为无定形结构；而在 600℃ 煅烧 4 h 后，样品转变为单一的 α-$FePO_4$ 相(六方晶系，空间群 P3121)，其衍射峰尖锐，无杂质峰，说明结晶良好。但是，元素分析(表 4-4)表明样品中含有少量的 Ti 和 Al，然而并未显示出相关的衍射峰，说明 Ti 和 Al 已经掺入到 $FePO_4$ 的

晶格之中，或者含量太少导致无法被检测出。

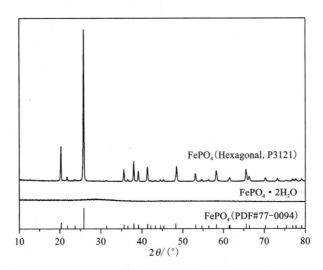

图 4 – 2　FePO₄·2H₂O 在煅烧（600℃ 4 h）前后的 XRD 图谱

4.4.1.4　形貌分析

图 4 – 3 为 FePO₄·2H₂O 在煅烧前后的 SEM 图。由图可知，煅烧前样品的一次颗粒为 50~300 nm，一次颗粒团聚成多孔的二次颗粒，这种蓬松的结构具有很大的比表面积，有利于前驱体与锂源以及还原剂接触。煅烧后样品的一次颗粒稍有长大，但一次颗粒的团聚明显加剧，某些二次颗粒的粒径达到 3 μm 以上，从粒度方面考虑，未煅烧的前驱体更适合用来合成 LiFePO₄。

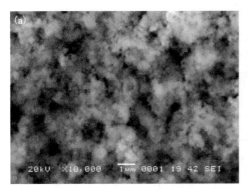

图 4 – 3　FePO₄·2H₂O 在煅烧前（a）和 600℃下煅烧 4 h 后（b）的 SEM 图

综上所述，以钛铁矿浸出液为原料，用 H_3PO_4 作沉淀剂，在 P/Fe 物质的量比为 1.1，pH 为 2.0 的条件下成功地合成了含少量 Ti、Al 的 $FePO_4 \cdot 2H_2O$，其粒度细小，纯度较高。

4.4.2 从 $FePO_4 \cdot 2H_2O$ 制备 $LiFePO_4$ 的研究

4.4.2.1 TG‑DTA 分析

采用常温还原‑高温热处理法制备 $LiFePO_4$[32, 106]。将上述制备的 $FePO_4 \cdot 2H_2O$ 与 Li_2CO_3、草酸混合，球磨 4 h 后干燥，所得前驱体混合物粉末在氩气气氛中的 TG‑DTA 曲线见图 4‑4。从 TG 曲线可知，从室温到 96℃失重约 3.5%，是样品中自由水的脱去过程；96～189℃失重约 15.4%，伴随着 DTA 曲线 110℃附近的吸热峰，为 $FePO_4 \cdot 2H_2O$ 和 $H_2C_2O_4 \cdot 2H_2O$ 中结晶水的脱去过程；189～383℃失重约 25%，对应于草酸的分解过程；383～586℃失重约 8.8%，伴随着 DTA 曲线 424℃附近的几个放热峰，是 $LiFePO_4$ 的形成过程；586℃之后失重很小，为 $LiFePO_4$ 的晶化过程，此过程中重量的减小应该是残余碳（来自于机械活化时草酸的分解）的分解；在 764℃附近出现一个吸热峰，为 $LiFePO_4$ 的晶型转变过程。

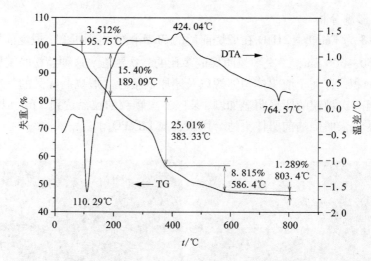

图 4‑4 球磨 4 h 后的前驱体混合物在氩气气氛中的 TG‑DTA 曲线

因此，从热重结果来看，$LiFePO_4$ 的合成温度应该在 580～750℃。另外，此前驱体混合物的 TG‑TDA 曲线与郑俊超等[255] 用纯 $FePO_4 \cdot 2H_2O$ 制备 $LiFePO_4$ 时极为相似，结合本课题组以前的研究结果[255, 256]，选用 600℃作为 $LiFePO_4$ 的合成温度。

4.4.2.2　物相分析

图 4 – 5 为球磨后的前驱体混合物以及用此混合物为原料合成的 Ti – Al 掺杂 LiFePO₄的 XRD 图谱。由图可知，球磨后的混合物峰型较杂，对照 PDF 卡数据库，大多数峰均属于未知相，仅鉴别出 LiFePO₄的衍射峰。没有出现 $H_2C_2O_4 \cdot 2H_2O$ 和 Li_2CO_3 的衍射峰，说明在球磨过程中它们的晶体结构已经被破坏并变为无定形结构，或者已经发生了化学反应。实际上，球磨后的混合物为浅绿色，表明至少有部分 Fe(Ⅲ) 被还原成 Fe(Ⅱ)，而 LiFePO₄衍射峰的出现说明确实有部分 FePO₄被草酸还原并同时发生嵌锂反应生成了 LiFePO₄，由于衍射峰的强度较弱且峰型较宽，说明 LiFePO₄的晶粒细小、结晶度差，由此推断混合物中可能还存在无定形的 LiFePO₄。

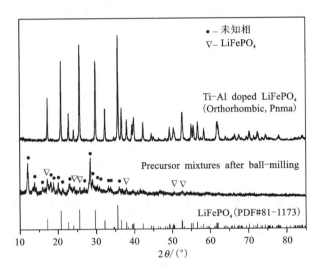

图 4 – 5　球磨后的前驱体混合物和 Ti – Al 掺杂 LiFePO₄的 XRD 图谱

上述前驱体混合物在 600℃煅烧 12 h 后的样品为单一的 LiFePO₄结构（正交晶系，空间群 Pnma），没有显示出任何杂质峰，说明 Ti 和 Al 已经掺入到 LiFePO₄的晶格之中，或者含量太少导致无法被检测出。掺杂 LiFePO₄的结构将在下文中详细研究。

综上所述，以钛铁矿浸出液为原料成功地制备了 $FePO_4 \cdot 2H_2O$，随后合成了结晶度高、物相单一的 Ti – Al 掺杂型 LiFePO₄，说明本工艺具有可行性。

4.5　浸出液选择性沉淀制备 $FePO_4 \cdot 2H_2O$ 的工艺优化

以探索实验为基础，在优化工艺时统一将浸出液稀释至 Fe 的浓度为

0.25 mol/L，因为浓度太高会导致产物的流动性差，夹杂的杂质将增多，浓度太低则会导致用水量大，产量低。pH 控制在 2.0 ± 0.1，因为在此 pH 下 Fe 将与大部分杂质得到分离，并且此 pH 下制备出的 $FePO_4 \cdot 2H_2O$ 合成的 $LiFePO_4$ 电化学性能最优[254]。此外，为了更好地进行对比，将各前驱体制备成 $LiFePO_4$ 并研究其结构、形貌和电化学性能，合成条件均控制在 600℃下煅烧 12 h，煅烧温度和煅烧时间的优化参考本课题组以前的研究成果[255, 256]，在此不再讨论。

4.5.1 沉淀剂用量的优化

4.5.1.1 元素分析

研究沉淀剂(PO_4^{3-})用量对沉淀过程的影响时，所用浸出液的成分见表 4 - 3。表 4 - 4 为不同 P/Fe 比条件下制备的 $FePO_4 \cdot 2H_2O$ 中各元素的物质的量比，结果表明，当 P/Fe 比在 1.0 ~ 1.3 时，Mg、Mn 和 Ca 均不沉淀，说明尚未达到三种离子沉淀的条件；Ti 的沉淀量保持稳定，这是由于 Ti 是以水解物 $TiO(OH)_2$(或 $TiO_2 \cdot xH_2O$)的形式沉淀，与 PO_4^{3-} 的浓度关系不大；而 Al 的沉淀量随着 P/Fe 比的升高稍有增大，这是由于 PO_4^{3-} 浓度的升高可导致更多的 Al^{3+} 产生沉淀。

因此，在 P/Fe 比为 1.0 ~ 1.3 时均可将 Fe 与大部分杂质分离，并得到含少量 Al、Ti 的 $FePO_4 \cdot xH_2O$。通过控制 P/Fe 比即可控制 Al 的沉淀量，而 Ti 的沉淀量仅与原料中 Ti 的含量有关，与 P/Fe 比无关。

表 4 - 4　不同 P/Fe 比条件下制备的 $FePO_4 \cdot 2H_2O$ 中 Fe、Mg、Mn、Al、Ca 和 Ti 的物质的量比

元素 P/Fe 物质的量比	Fe	Mg	Mn	Al	Ca	Ti
P/Fe = 1.0	100	约0	约0	1.242	约0	1.080
P/Fe = 1.1	100	约0	约0	1.694	约0	1.086
P/Fe = 1.2	100	约0	约0	3.109	约0	1.091
P/Fe = 1.3	100	约0	约0	4.421	约0	1.063

注：计算物质的量比时均以 Fe 为基准，各 P/Fe 比条件下 Fe 的沉淀率均高于99%。

另外，当 P/Fe 比为 1.0 时，沉淀物的颜色偏黄且过滤性能较差，这可能是由于部分 PO_4^{3-} 与 Al 发生反应，使得 PO_4^{3-} 的量少于溶液中 Fe^{3+} 的量，多出的 Fe^{3+} 在 pH = 2 的条件下水解形成 $Fe(OH)_3$ 胶体，从而造成过滤性能变差。当 P/Fe≥1.1 时沉淀物的颜色变浅且过滤性能变好，应该是由于有足够的 PO_4^{3-} 与溶液中 Fe^{3+} 反应，避免了 $Fe(OH)_3$ 胶体的形成。因此，从前驱体的过滤性能来考虑，P/Fe比应大于1.0。

　　图 4 - 6 为以不同 P/Fe 比制备的前驱体为原料合成的 LiFePO₄ 的 EDS 图谱。由能谱图可知,除主元素 P、Fe 和 O 外,各样品均含有少量的 Al 和 Ti,且均不含 Mg、Mn 和 Ca,这与其前驱体的 ICP 分析结果(表 4 - 5)一致。

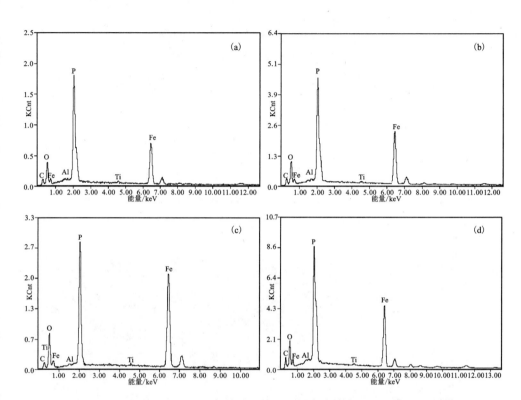

图 4 - 6　以不同 P/Fe 比制备的前驱体为原料合成的 LiFePO₄ 的 EDS 图谱
(a) P/Fe = 1.0;(b) P/Fe = 1.1;(c) P/Fe = 1.2;(d) P/Fe = 1.3

4.5.1.2　物相及结构分析

　　图 4 - 7 为以不同 P/Fe 比制备的前驱体为原料合成的 LiFePO₄ 的 XRD 图谱。由图可知,各样品均显示出橄榄石结构 LiFePO₄ 的特征衍射峰(正交晶系,空间群 Pnma),样品 a 和 b 为纯相,说明杂质离子(Al^{3+} 和 Ti^{4+})已掺入到 LiFePO₄ 晶格之中;样品 c 和 d 含有 $Fe_2P_2O_7$ 杂相,样品 d 还含有 $AlPO_4$ 相(两种晶型,分别对应于 PDF#15 - 0254 和 10 - 0423),这是由于 $AlPO_4$ 的量过多且没有掺入到 LiFePO₄ 晶格引起。另外,$AlPO_4$ 相的出现也间接说明制备前驱体时 Al^{3+} 是以磷酸盐的形式沉淀。

4.5.1.3　形貌分析

　　图 4 - 8 为以不同 P/Fe 比制备的前驱体为原料合成的 LiFePO₄ 的 SEM 图。由

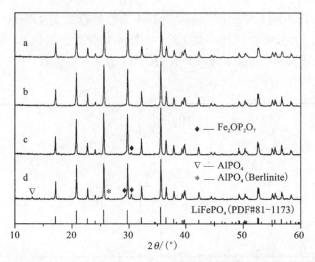

图 4 - 7　以不同 P/Fe 比制备的前驱体为原料合成的 LiFePO₄ 的 XRD 图谱

(a) P/Fe = 1.0；(b) P/Fe = 1.1；(c) P/Fe = 1.2；(d) P/Fe = 1.3

图 4 - 8　以不同 P/Fe 比制备的前驱体为原料合成的 LiFePO₄ 的 SEM 图

(a)P/Fe = 1.0；(b) P/Fe = 1.1；(c) P/Fe = 1.2；(d) P/Fe = 1.3

图可知，各样品都同时存在细小的一次颗粒和由一次颗粒团聚而成的二次颗粒。当 P/Fe≤1.1 时，LiFePO₄样品的颗粒分散且粒度均匀；但是，当 P/Fe≥1.2 时，LiFePO₄颗粒的团聚加剧，并出现了粒径大于 5 μm 的颗粒，大颗粒的出现不利于其电化学性能的发挥。因此，从 LiFePO₄ 的形貌和粒径来考虑，制备 FePO₄·2H₂O时加入磷酸根的量应保持 P/Fe≤1.1。

4.5.1.4　电化学性能研究

图 4-9 为以不同 P/Fe 比制备的前驱体为原料合成的 LiFePO₄在 0.1C 和 1C 倍率下的首次充放电曲线。由图可知，样品 a、b、c、d 在 0.1C 倍率下的首次放电比容量分别为 161.1 mA·h/g、159.2 mA·h/g、138.6 mA·h/g 和 128.5 mA·h/g，在 1C 倍率下的首次放电比容量分别为 150.1 mA·h/g、151.2 mA·h/g、109.6 mA·h/g 和 70.5 mA·h/g。样品 c、d 的放电比容量远低于样品 a、b，这主要是由于杂相（Fe₂P₂O₇和 AlPO₄）的产生引起的，另外掺杂量过高也会导致比容量降低。样品 a、b 的首次放电比容量虽然接近，但样品 a 在 1C 倍率下充放电曲线的极化明显大于样品 b，其原因不详，但猜测可能是由于前驱体中含有少量 Fe(OH)₃（见 4.5.1.1）引起，然而 XRD[图 4-7(a)]又未检测出相关杂相，表明其含量极少。

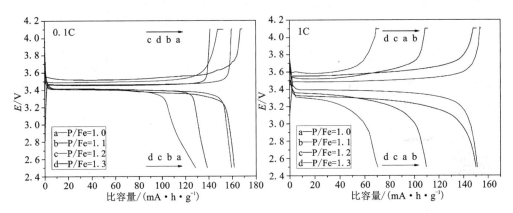

图 4-9　以不同 P/Fe 比制备的前驱体为原料合成 LiFePO₄ 在 0.1C 和 1C 下的首次充放电曲线
(a) P/Fe=1.0；(b) P/Fe=1.1；(c) P/Fe=1.2；(d) P/Fe=1.3

因此，综合考虑到铁与杂质元素的分离效果、沉淀物的过滤性能、产物（LiFePO₄）的电化学性能，由钛铁矿浸出液制备 FePO₄·2H₂O 时沉淀剂的用量应为 P/Fe 为 1.1 左右。

4.5.2　浸出液成分的优化

由于钛铁矿浸出液的成分常常波动，因此，本工艺是否具备实用性在很大程度上取决于它能否在浸出液成分波动的情况下制备出性能同样优异的产品，即能否使产品具有一致性。研究浸出液成分对沉淀过程的影响时,采用第 2 章 2.4.1 节中不同盐酸浓度下浸出 2 h 所得浸出液(图 2 - 10)为原料,并将 15%、20%、25% 和 30% 盐酸浓度下获得的浸出液分别标记为 1#、2#、3# 和 4#。并且为了便于比较,统一将各浸出液稀释至全 Fe 浓度为 0.25 mol/L。

4.5.2.1 元素分析

表 4 - 5 为稀释后的浸出液中各元素的物质的量浓度。由表 4 - 5 可知,各浸出液中 Mg、Mn、Al 和 Ca 的浓度均比较接近,而 Ti 浓度却从 1# 至 4# 依次降低。

表 4 - 6 不同浸出液在稀释后各元素的物质的量浓度

元素 浸出液编号	Fe	Mg	Mn	Al	Ca	Ti	Si
1#(15% 盐酸浸出 2 h)	0.25	0.0665	0.0032	0.0136	0.0145	0.0052	约 0
2#(20% 盐酸浸出 2 h)	0.25	0.0680	0.0038	0.0147	0.0147	0.0027	约 0
3#(25% 盐酸浸出 2 h)	0.25	0.0684	0.0039	0.0150	0.0149	0.0021	约 0
4#(30% 盐酸浸出 2 h)	0.25	0.0681	0.0039	0.0148	0.0150	0.0017	约 0

注:浸出液在稀释时均以铁的浓度为基准;除盐酸浓度外,浸出均在最优条件下进行。

在 pH = 2.0、P/Fe = 1.1 的条件下,由上述浸出液制备的 $FePO_4 \cdot 2H_2O$ 中各金属元素的物质的量比见表 4 - 6。结果表明,各样品的 Al 含量都很接近,且均不含 Mg、Mn 和 Ca;而样品 a、b、c、d 的 Ti 含量依次降低,是由于原料(浸出液)中的 Ti 含量降低造成的。

由此可见,在相同的制备条件下,$FePO_4 \cdot 2H_2O$ 中杂质元素的含量取决于钛铁矿浸出液中 Al 和 Ti 的含量。由于攀枝花钛精矿中各元素的含量都很稳定,浸出液中 Al、Mg、Mn、Ca 的含量一般波动较小,因此,如何控制浸出液中 Ti 的含量是整个工艺的关键。在 $LiFePO_4$ 掺杂量不能太高的情况下,要通过优化浸出条件使得浸出液中的 Ti 含量保持在较低水平。

表 4 - 6 由不同浸出液制备的 $FePO_4 \cdot 2H_2O$ 中 Fe、Mg、Mn、Al、Ca 和 Ti 的物质的量比

元素 样品	Fe	Mg	Mn	Al	Ca	Ti
a(由 1# 浸出液制备)	100	约 0	约 0	1.631	约 0	2.161
b(由 2# 浸出液制备)	100	约 0	约 0	1.694	约 0	1.086
c(由 3# 浸出液制备)	100	约 0	约 0	1.684	约 0	0.771
d(由 4# 浸出液制备)	100	约 0	约 0	1.706	约 0	0.539

注:计算物质的量比时均以 Fe 为基准,各条件下 Fe 的沉淀率均高于 99%。

4.5.2.2　物相及结构分析

图 4-10 所示为以不同浸出液制备的前驱体为原料合成的 LiFePO$_4$ 的 XRD 图谱。由图可知，各样品均为单一的橄榄石型 LiFePO$_4$ 结构（正交晶系，空间群 Pnma），没有任何杂质峰出现，说明掺杂离子 Al^{3+} 和 Ti^{4+} 已掺入到 LiFePO$_4$ 晶格之中。从 a 到 d，样品的衍射峰强度逐渐升高，这是由于总掺杂量降低引起的。另外，C-S 分析表明样品 a、b、c 和 d 分别含有 1.12%、0.89%、0.84% 和 0.93% 的碳，然而衍射图谱中并没有碳的衍射峰，说明碳为无定形结构，或者是碳含量太低导致无法被 XRD 检测。

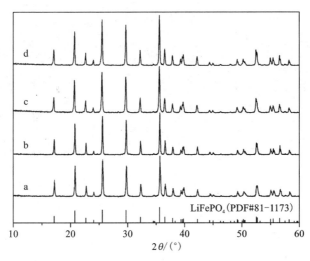

图 4-10　以不同浸出液制备的前驱体为原料合成的 LiFePO$_4$ 的 XRD 图谱

(a) 1$^\#$浸出液；(b) 2$^\#$浸出液；(c) 3$^\#$浸出液；(d) 4$^\#$浸出液

4.5.2.3　形貌分析

图 4-11 为以不同浸出液制备的前驱体为原料合成的 LiFePO$_4$ 的 SEM 像。由图可知，各样品都同时存在细小的一次颗粒和由一次颗粒团聚而成的二次颗粒，且一次颗粒的粒径相差不大，均为 100~800 nm；但是，样品 c、d 的二次颗粒尺寸明显大于 a 和 b，由于各样品的合成条件相同且掺 Al 量相当，因此这应该是由于掺 Ti^{4+} 量从样品 a 到 d 降低引起的。这说明 Ti^{4+} 的掺入能有效地抑制一次颗粒团聚，使材料细化。产物的粒径越大，Li$^+$ 在颗粒中扩散的路径越长，材料的电化学性能（特别是大电流充放电性能）就越受制于 Li$^+$ 的扩散，因此颗粒细化有助于 LiFePO$_4$ 容量的发挥[16]。

图 4 - 11　以不同浸出液制备的前驱体为原料合成的 LiFePO$_4$ 的 SEM 图

(a)1$^#$浸出液;(b) 2$^#$浸出液;(c) 3$^#$浸出液;(d) 4$^#$浸出液

4.5.2.4　电化学性能研究

图 4 - 12 为以不同浸出液制备的前驱体为原料合成的 LiFePO$_4$ 在不同倍率下的首次充放电曲线。由图可知, 样品 a、b、c 和 d 在 0.1C 倍率下的首次放电比容量分别为 152 mA·h/g、159 mA·h/g、162 mA·h/g 和 163 mA·h/g, 在 1C 倍率下的首次放电比容量分别为 143.8 mA·h/g、151.3 mA·h/g、153.1 mA·h/g 和 153.9 mA·h/g。在较低倍率下, 样品的放电比容量从 d 到 a 逐渐降低, 这是由于掺杂量升高引起的。随着充放电电流的增大, 活性物质的利用率降低, 同时充放电曲线的极化增大。样品 a、b、c 和 d 在 2C 倍率下的首次放电比容量分别为 135.1 mA·h/g、140.1 mA·h/g、141.0 mA·h/g 和 141.0 mA·h/g, 在 5C 倍率下的首次放电比容量分别为 119.0 mA·h/g、122.9 mA·h/g、119.9 mA·h/g 和 116.0 mA·h/g。可见, 在大倍率下掺杂量适中的样品具有较高的放电比容量。

图 4 - 13 为以不同浸出液制备的前驱体为原料合成的 LiFePO$_4$ 在不同倍率下的循环性能曲线。由图可知, 各样品在 1C 和 2C 倍率下循环 100 次以后的比容量几乎无衰减; 在 5C 倍率下, 样品 a、b、c 和 d 循环 100 次后的比容量分别为 114.7 mA·h/g、117.8 mA·h/g、112.4 mA·h/g 和 107.7 mA·h/g, 相对于首

次比容量的保持率分别为 96.4%、95.9%、93.7% 和 93.1%，各样品均具有非常优异的循环性能。

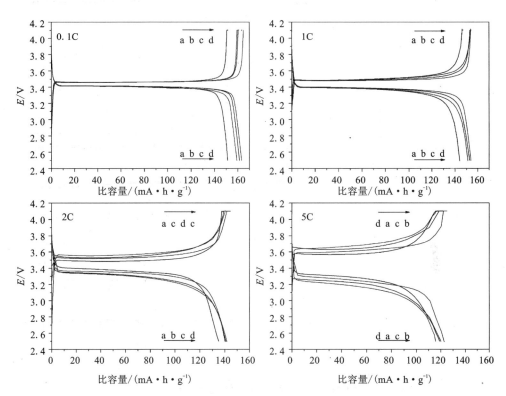

图 4-12　以不同浸出液制备的前驱体为原料合成的 LiFePO₄ 在不同倍率下的充放电曲线

(a) 1# 浸出液；(b) 2# 浸出液；(c) 3# 浸出液；(d) 4# 浸出液

综上所述，从各浸出液制备出了性能优异的 LiFePO₄ 正极材料，说明本工艺对浸出液成分的适应性较强。但是，浸出液中 Ti 的含量对产品的性能影响仍然较大，Ti 含量太高会导致 LiFePO₄ 容量的降低。研究结果表明，当浸出钛铁矿所用盐酸浓度大于 20% 时，所得浸出液制备的 LiFePO₄ 具备优异的电化学性能，但从浸出工艺来考虑，盐酸浓度过高使得 HCl 易于挥发，将大大增加设备防腐的成本，同时高浓度盐酸也难以循环利用。因此，综合考虑钛铁矿的浸出和最终产品的性能，用 20% 的盐酸浸出钛铁矿最佳。

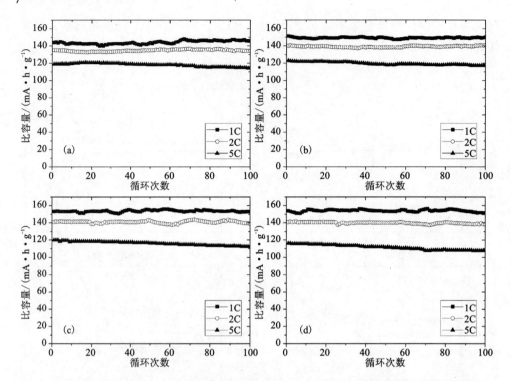

图 4-13   以不同浸出液制备的前驱体为原料合成的 LiFePO₄ 在不同倍率下的循环性能曲线

(a) 1#浸出液; (b) 2#浸出液; (c) 3#浸出液; (d) 4#浸出液

4.6   最优条件下制备的 LiFePO₄ 的结构及性能

结合第 2 章 2.4 节以及第 4 章 4.4 和 4.5 节的讨论,制备 FePO₄ · 2H₂O 的最优条件为:以最优浸出条件下获得的浸出液为原料(稀释至 Fe 0.25 mol/L),控制 pH = 2.0 和 P/Fe = 1.1。以上述条件下制备的前驱体为原料合成了 LiFePO₄,本节将对其结构和性能进行分析,并与文献报道的由高纯铁源制备的 LiFePO₄ 的性能进行比较,讨论本工艺的优劣。

4.6.1   结构分析

上文仅对 LiFePO₄ 的物相进行了粗略讨论,为了进一步探讨 Al – Ti 掺杂对 LiFePO₄ 结构的影响,用 Rietveld 方法(Fullprof 软件)对 XRD 数据进行了精修。在精修过程中,用赝 – 沃伊格特函数模拟衍射峰,精修了如原子位置、占位率、晶格常数、半峰宽、各向同性温度因子等在内的 30 多个参数,其精修结果见图 4 – 14 和表 4 – 7。结果表明,精修曲线与测试曲线吻合,R_p、R_{wp} 和 R_{exp} 均小于

10%，精修结果可靠。由表 4-7 可知，样品的晶胞常数 a、b、c 和晶胞体积 V 与文献[257]报道的值接近。由占位率可知，掺杂原子 Ti 和 Al 同时占据 Li 位和 Fe 位，并且在 Li 位和 Fe 位产生空位进行电荷补偿，其缺陷量可由 Kroger-Vink 符号[26]表示为：

$$[V''_{Fe}] = [Al^{·}_{Fe}]/2 \qquad (4-12)$$

$$[V'_{Li}] = 2[Al^{··}_{Li}] + 3[Ti^{···}_{Li}] \qquad (4-13)$$

诸多研究表明，Li 缺陷的产生可大大提高 LiFePO₄ 的电导率，有利于提高其电化学性能[25-27, 191-193]。

为了进一步验证精修结果，用化学滴定法和 ICP 法对样品进行了分析，其元素 $n_{Li} : n_{Fe} : n_P : n_{Al} : n_{Ti} = 0.947 : 0.980 : 1 : 0.0166 : 0.0109$，与 Rietveld 精修结果基本一致。

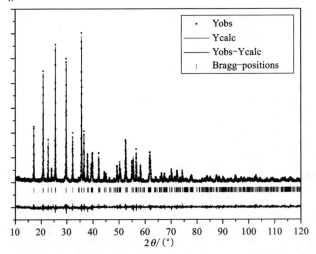

图 4-14　最优条件下制备 LiFePO₄ 的 XRD 数据的 Rietveld 精修图谱

表 4-7　由 Rietveld 法拟合 XRD 数据得到的原子位置、占位率、空间群和晶胞常数

原子	位置	x	y	z	占位率
Li	4a	0	0	0	0.9536(7)
Al	4a	0	0	0	0.0020(9)
Ti	4a	0	0	0	0.0101(10)
Fe	4c	0.2824(8)	0.25	0.9740(9)	0.9787(9)
Al	4c	0.2824(8)	0.25	0.9740(9)	0.0142(11)
P	4c	0.0952(6)	0.25	0.4183(5)	1
O1	4c	0.0964(10)	0.25	0.7420(6)	1
O2	4c	0.4560(7)	0.25	0.2055(9)	1
O3	8d	0.1647(9)	0.0482(9)	0.2836(8)	1

注：空间群：Pnma。精修误差：$R_p = 7.84\%$，$R_{wp} = 9.71\%$，$R_{exp} = 5.48\%$。

晶胞常数：$a = 10.3262(8)$ Å，$b = 6.0087(6)$ Å，$c = 4.6998(9)$ Å；晶胞体积：291.6087(9) Å³。

4.6.2　表面元素分析

图 4 - 15（a）、（b）、（c）分别为最优条件下合成 $LiFePO_4$ 的 SEM、EDS 和元素分布图。样品一次颗粒的粒径为 50～500 nm，部分一次颗粒团聚成 1 μm 左右的二次颗粒；EDS 表明 $LiFePO_4$ 样品中含有少量的 Al 和 Ti，与元素分析的结果一致。元素分布图表明 Al、Ti 和 C 均匀地分布在 $LiFePO_4$ 的颗粒之中。在选择性沉淀过程中，Al^{3+} 和 Ti^{4+} 是伴随着 $FePO_4 \cdot 2H_2O$ 的生长而均匀地进入其颗粒内部，属于原子级均匀混合，因此比一般机械混合的效果要好得多，这有利于提高掺杂的均匀性，从而改善产物的电化学性能。

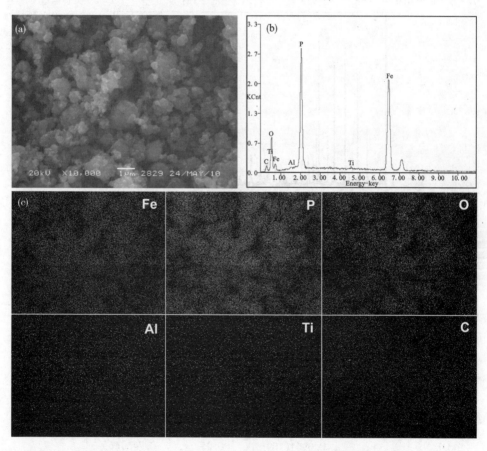

图 4 -15　最优条件下制备的 $LiFePO_4$ 的 SEM 图(a)、EDS 图谱(b)和元素分布图(c)

4.6.3 微区结构、形貌及组元分布

图 4 - 16 为最优条件下合成 LiFePO₄ 的 TEM、HTEM 和 EDS 图。由图 4 - 16 (a)、图 4 - 16(b)可知,样品的晶粒为 100 ~ 500 nm 的类球形结构,晶粒之间有纳米碳网相连。由图 4 - 16(c)、图 4 - 16(d)和图 4 - 16(e)可知,LiFePO₄ 晶粒的晶格清晰,结晶良好,但晶格中存在一些缺陷,这些缺陷是由于 Ti^{4+} 和 Al^{3+} 的掺杂引起的。另外,LiFePO₄ 晶粒的表面均匀地包覆着一层无定形碳膜,其厚度为 0.2 ~ 0.8 nm。这些碳网、碳膜有助于提高颗粒之间的导电性,而且能阻止颗粒进一步长大;而晶格缺陷则能提高 LiFePO₄ 的本征电导率,同时为锂离子提供更多的迁移通道。上述因素均能改善 LiFePO₄ 的电化学性能。图 4 - 16(f)为 f 区域在[123]晶带轴方向的电子衍射图,清晰的衍射斑点表明此晶粒在[123]晶带轴方向显示出典型的单晶特点,但其晶粒尺寸(约 250 nm)却远大于由 XRD 数据计算出的尺寸(约 44 nm),所以此晶粒应该为多晶结构。

图 4 - 16(g)、图 4 - 16(h)分别为 g 区和 h 区的 EDS 图谱,能谱表明 LiFePO₄ 晶粒中有少量的 Ti 和 Al 存在,说明 Ti^{4+} 和 Al^{3+} 已成功地掺入到 LiFePO₄ 晶格中;但是在所选晶界区仅检测到极少量的 Al,而 Ti 并未检测出,这是由于掺 Ti 量太少引起的。

4.6.4 电极动力学研究

4.6.4.1 循环伏安

图 4 - 17 为最优条件下制备的 LiFePO₄ 电极的循环伏安曲线。由图可知,各扫描速率下的循环伏安曲线均有且仅有一对氧化/还原峰,分别对应于 LiFePO₄ 脱/嵌锂的平台电势。当扫描速率为 0.1 mV/s 时,氧化/还原峰的电势分别在 3.5 V 和 3.4 V 左右;当扫描速率增大到 2 mV/s 时,氧化/还原峰仍然具有对称性,说明锂离子在 LiFePO₄ 晶格中的脱/嵌具有良好的可逆性。但是,随着扫描速率的升高,氧化峰和还原峰分别向高电位和低电位方向偏移,ΔE(氧化/还原峰的电位差)增大,这是由于锂离子在 LiFePO₄ 电极材料中的扩散速率很低,快速扫描导致锂离子的扩散滞后,从而导致了电极极化的增大。

为了进一步研究锂离子在 LiFePO₄ 电极材料中的扩散能力,用 J. R. Dahn 等[258, 259]提出的 CV 法计算了 LiFePO₄ 电极在充放电时的锂离子扩散系数,其原理为对于化学扩散控制的电极反应,通过求解半无限扩散条件下的扩散方程,有如下关系式成立:

$$I_{\mathrm{p}} = 2.69 \times 10^5 A n^{3/2} C_0 D^{1/2} v^{1/2} \qquad (4-14)$$

式中:I_{p} 为电位扫描峰值电流;A 为电极表面积,cm^2;n 为反应电子数;v 为电位

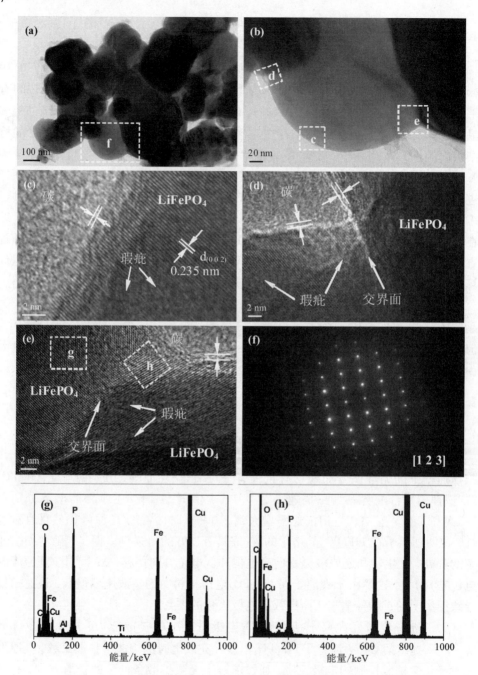

图 4 - 16　最优条件下制备 LiFePO₄的 TEM、HRTEM 和 EDS 图

(a)(b) TEM 图；(c) c 区 HRTEM 图；(d) d 区 HRTEM 图；(e) e 区 HRTEM 图；
(f) f 区电子衍射斑点；(g) g 区 EDS 图；(h) h 区 EDS 图

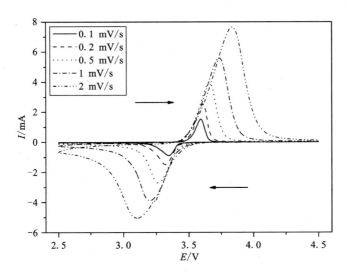

图 4 – 17　最优条件下制备的 LiFePO₄ 电极在不同扫描速率下的循环伏安曲线

扫描速度，V/s；D 为扩散系数，cm^2/s。而 C_0 则分为两种情况：计算液相中 Li^+ 扩散系数 D_1，此时 C_0 为电解液中 Li^+ 离子浓度（1×10^{-3} mol/cm^3）；计算固相中的 Li^+ 扩散系数 D_s，对于 $Li_\delta FePO_4$ 而言，一个晶胞中含有 4 个锂离子，其晶胞体积约为 0.2909×10^{-21} cm^3，则晶胞中锂离子浓度为 $C = 2.284\delta \times 10^{-2}$ mol/cm^3。由于出现峰值电流时的 $\delta \approx 0.5$，其锂离子浓度约为 $C \approx 1.142 \times 10^{-2}$ mol/cm^3。

图 4 – 18 为 LiFePO₄ 电极在不同扫描速率下的 $I_P - v^{1/2}$ 图，可以看出 I_P 与 $v^{1/2}$ 呈线性关系，说明 LiFePO₄ 电极的电化学反应是受扩散控制，因此用式（4 – 14）计算锂离子的扩散系数是合理的。根据式（4 – 14）计算出的各个峰位的锂离子在液相（电解液）和固相（电极材料）中的扩散系数如表 4 – 8 所示。可以看出锂离子在电解液中的扩散系数在 $10^{-11} \sim 10^{-10}$ 数量级；在电极材料中的扩散系数为 $10^{-12} \sim 10^{-11}$ 数量级，比文献[177]报道的值（1.8×10^{-14} cm^2/s）约高出两个数量级。

表 4 – 8　氧化峰和还原峰处对应的锂离子扩散系数

状态	$D_1/(cm^2 \cdot s^{-1})$	$D_s/(cm^2 \cdot s^{-1})$
充电（3.5 V）	1.868×10^{-10}	1.036×10^{-11}
放电（3.4 V）	6.400×10^{-11}	3.553×10^{-12}

4.6.4.2　交流阻抗

图 4 – 19 为最优条件下制备的 LiFePO₄ 电极在 0.1C 活化 3 次、1C 循环 100

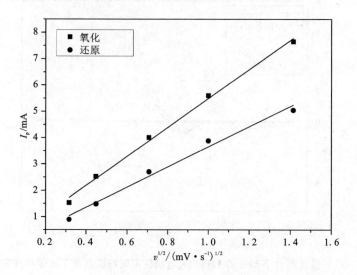

图 4-18 LiFePO₄电极在不同扫描速率下的 $I_p - v^{1/2}$ 曲线

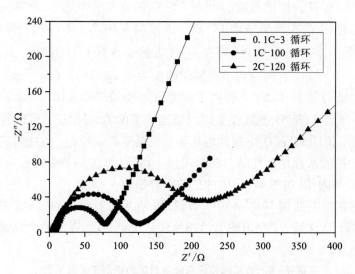

图 4-19 最优条件下制备的 LiFePO₄电极在 0.1C 活化 3 次、
1C 循环 100 次以及 2C 循环 120 次后的交流阻抗图谱

次以及 2C 循环 120 次后的交流阻抗图谱。由图可知，各阻抗谱均由一个半圆和一条斜线组成，半圆在高频区与实轴的截距代表溶液阻抗，半圆的半径代表电荷转移阻抗(R_{ct})，斜线代表锂离子在电极材料中扩散引起的 Warburg 阻抗。由图可知，LiFePO₄电极在 0.1C 活化 3 次后的 R_{ct} 仅为 76 Ω，比许多文献[187, 260-263]报道的值都低；在 1C 循环 100 次后的 R_{ct} 约 124 Ω，比刚活化时增大了 48 Ω；而在 2C 循环 120 次后的 R_{ct} 增大到约 225 Ω，然而，其值仍比许多文献[187, 260-262]报道的要低。此外，对比阻抗谱中直线部分的斜率可知，电极在 1C 和 2C 循环后的 Warburg 阻抗较刚活化时也有所增大。循环后 R_{ct} 和 Warburg 阻抗的升高与 SEI 膜的形成以及电极材料表面被腐蚀有关。

4.6.5　电化学性能与文献的比较

表 4-9 为国内外报道的从纯铁源制备 LiFePO$_4$ 的电化学性能与本工作的比较。数据表明，本研究从钛铁矿浸出液制备的 LiFePO$_4$（详见 4.5.2.4 节，样品 b）与 L. Q. Sun 等[264]以 Fe$_2$O$_3$·H$_2$O 为原料制备的 LiFePO$_4$-PAS 复合材料的电化学性能相当；与 K. Wang 等[265]从 FeC$_2$O$_4$·2H$_2$O 制备的 LiFePO$_4$/C 在 1C 倍率下的首次放电容量相当，但优于其循环性能；与 Z. Liu[266]以 FePO$_4$ 为原料制备的 LiFe$_{0.9}$Mg$_{0.1}$PO$_4$ 的电化学性能相比也具有明显优势；也明显优于 G. X. Wang[257]从 FeC$_2$O$_4$·2H$_2$O 制备的 LiTi$_{0.01}$Fe$_{0.99}$PO$_4$ 的电化学性能。

表 4-9　文献报道的从纯铁源制备 LiFePO$_4$ 的电化学性能与本工作的比较

文献	原料	化学式	1C 放电容量 /(mA·h·g^{-1})			5C 放电容量 /(mA·h·g^{-1})		
			1st	50th	100th	1st	50th	100th
L. Q. Sun[264]	Fe$_2$O$_3$·H$_2$O	LiFePO$_4$/PAS	141.3		141	120		117
K. Wang[265]	FeC$_2$O$_4$·2H$_2$O	LiFePO$_4$/C	153	141				
Z. Liu[266]	FePO$_4$	LiFe$_{0.9}$Mg$_{0.1}$PO$_4$	120	113				
G. X. Wang[257]	FeC$_2$O$_4$·2H$_2$O	LiTi$_{0.01}$Fe$_{0.99}$PO$_4$				91	84	
本研究	Ilmenite lixivium	Ti-Al 掺杂 LiFePO$_4$/C	151.3	149.1	150.1	122.9	118.0	117.8

4.7　小结

（1）以溶度积原理为依据，从理论上计算了钛铁矿浸出液中各元素在磷酸盐体系下的初始沉淀 pH，计算结果表明，在全 Fe 浓度为 0.25 mol/L 时，Fe、Al 和 Ti 产生沉淀的初始 pH 分别为 0.318、0.728 和 0.784，而 Mg、Mn 和 Ca 形成沉淀的初始 pH 均在 3.4 以上。

（2）以钛铁矿浸出液为原料，用 H$_3$PO$_4$ 作沉淀剂，在 pH = 2.0 的条件下对浸出液中的元素进行了选择性沉淀,得到了含少量 Ti 和 Al 的 $FePO_4 \cdot xH_2O$,元素分析、TG – DTA 和 XRD 分析表明其为 $FePO_4 \cdot 2H_2O$;以上述前驱体为原料制备了 Ti – Al 共掺杂的单一橄榄石结构的 $LiFePO_4$。

(3)研究了沉淀剂用量(即 P/Fe 比)对选择性沉淀过程的影响,结果表明 P/Fe 比升高导致 $FePO_4 \cdot 2H_2O$ 中 Al 的含量升高,但对 Ti 含量无影响;选择性沉淀制备 $FePO_4 \cdot 2H_2O$ 的最优 P/Fe 比为 1.1 左右。

(4)研究了浸出液成分的波动对选择性沉淀过程的影响,结果表明,浸出液中 Ti 的含量对产物的性能影响较大,Ti 含量太高会导致 $LiFePO_4$ 容量的降低;综合考虑钛铁矿的浸出和最终产物的性能,用 20% 的盐酸浸出钛铁矿最佳。

(5)最优条件下制备的 Ti – Al 共掺杂 $LiFePO_4$ 在 0.1C、1C、2C 和 5C 倍率下的首次放电比容量分别为 159 $mA \cdot h/g$、151.3 $mA \cdot h/g$、140.1 $mA \cdot h/g$ 和 122.9 $mA \cdot h/g$,在 1C 和 2C 倍率下循环 100 次后的比容量几乎无衰减,在 5C 倍率下循环 100 次后的比容量保持率为 95.9%;这与许多国内外研究者从 $FeC_2O_4 \cdot 2H_2O$、Fe_2O_3、$FePO_4$ 等纯原料制备的 $LiFePO_4$ 电化学性能相当,甚至远优于很多文献报道的性能。

第 5 章　Ti、Al 及 Ti - Al 掺杂 LiFePO₄ 的结构、性能及掺杂机理研究

5.1　引言

在第 4 章中，以钛铁矿浸出液为原料制备了 Ti - Al 共掺杂型 $LiFePO_4$，其电化学性能优异。但是，Ti - Al 共掺杂的机理，共掺杂与 Ti、Al 单掺杂的异同，共掺杂和单掺杂对 $LiFePO_4$ 的结构、形貌和性能到底有何影响，以及掺杂量的优化等，尚值得进一步探讨。

近年来，关于 $LiFePO_4$ 掺杂改性的研究报道很多，但均为单一金属掺杂的研究。如 Y. M. Chiang 等[27]以 Li_2CO_3、$NH_4H_2PO_4$ 和 $FeC_2O_4 \cdot H_2O$ 为原料，用少量金属离子取代部分锂，制备了 $Li_{1-x}M_xFePO_4$（M = Mg、Al、Zr、Ti、Nb）型固溶体，结果发现，掺杂后 $LiFePO_4$ 的电子电导率（$10^{-3} \sim 10^{-2}$ S/cm）较未掺杂的 $LiFePO_4$（10^{-10} S/cm）提高了近 8 个数量级。G. X. Wang 等[267]以 Li(OH) $\cdot H_2O$、$FeC_2O_4 \cdot 2H_2O$、$NH_4H_2PO_4$ 以及 Mg、Zr、Ti 的醇盐为原料，用溶胶 - 凝胶法制备了 $LiM_xFe_{1-x}PO_4$（M = Mg、Zr、Ti）型固溶体，研究表明，所有样品在低倍率（1/8C）下电化学性能相差不大（$150 \sim 160$ mA·h/g），但在 10C 时掺杂样品的容量和循环性能均明显优于未掺杂样品。S. H. Wu 等[268]以 Fe 粉、H_3PO_4、LiOH 和 TiO_2 为原料制备了 $LiFe_{1-x}Ti_xPO_4$（$0 \leqslant x \leqslant 0.09$），制备的所有掺杂样品均含 Li_3PO_4 杂相，性能最好的样品 $LiFe_{0.97}Ti_{0.03}PO_4$ 在 0.1C 和 1C 下的首次放电比容量仅为 135 mA·h/g 和 107 mA·h/g。A. Ruhul 等[269, 270]在研究 1% Al 掺杂的 $LiFePO_4$ 单晶时，发现 Al 掺杂提高了 $LiFePO_4$ 的离子电导率，但同时降低了其电子电导率，他提出的掺杂机理认为 Al 占据 Fe 位，并在 Li 位产生空穴进行电荷补偿。X. Jing 等[271]以 $LiNO_3$、$Fe(NO_3)_3 \cdot 9H_2O$、$NH_4H_2PO_4$ 和 $Al(NO_3)_3$ 为原料制备了 $LiAl_xFe_{1-3x/2}PO_4/C$（$0 \leqslant x \leqslant 0.12$），他们发现 $LiAl_{0.01}Fe_{0.985}PO_4/C$ 具有最高的电子电导率（1.89×10^{-4} S/cm）和最优的电化学性能。

研究者们多是以 FeC_2O_4 为原料，采用固相法制备掺杂型 $LiFePO_4$，但是，在掺杂量较低的情况下，机械法难以将锂源、铁源、磷源和掺杂源四种原料混合均匀；而采用溶胶 - 凝胶法虽然能将各原料混合均匀，却难以实用化。本研究采用

共沉淀法，先将 Ti^{4+}、Al^{3+} 离子均匀地沉积在 $FePO_4 \cdot 2H_2O$ 颗粒中，然后将其与锂源混合煅烧制备 $LiFePO_4$，相对于四种原料，两种原料更易混合均匀。另外，上述报道均是研究单一金属离子掺杂，金属离子共掺杂的研究鲜见报道。本章以 $FePO_4 \cdot 2H_2O$ 为原料，在研究 Ti、Al 单掺杂的基础上，探讨了 Ti – Al 共掺杂对 $LiFePO_4$ 的结构以及电化学性能的影响。

5.2 实验

5.2.1 实验原料

实验所用的主要原料及试剂见表 5 – 1。

表 5 – 1　主要实验原料及试剂

试剂	级别	生产厂家
$FeSO_4 \cdot 7H_2O$	分析纯	广东西陇化工股份有限公司
H_3PO_4	分析纯	广东西陇化工股份有限公司
$NH_3 \cdot H_2O$	分析纯	株洲市泰达化工有限公司
H_2O_2	分析纯	广东西陇化工股份有限公司
Li_2CO_3	电池级	江西赣锋锂业有限公司
$H_2C_2O_4 \cdot 2H_2O$	分析纯	上海国药集团化学试剂有限公司
$Ti(SO_4)_2$	化学纯	上海国药集团化学试剂有限公司
$Al_2(SO_4)_3 \cdot 18H_2O$	分析纯	广东西陇化工股份有限公司

5.2.2 实验设备

主要实验设备见 3.3.2。

5.2.3 实验流程

5.2.3.1　$Li_{1-4x}Ti_xFePO_4$ 的制备

掺 Ti 前驱体的制备：按 $n(Ti):n(Fe):n(H_3PO_4) = x:1:1$（其中 $x = 0$、0.01、0.02、0.03 和 0.05）称取 $Ti(SO_4)_2 \cdot H_2O$、$FeSO_4 \cdot 7H_2O$ 和 H_3PO_4，溶于去离子水中，在强烈搅拌下加入足量的 H_2O_2，使得全部 Fe(Ⅱ) 氧化成 Fe(Ⅲ)，用 $NH_3 \cdot H_2O$ 调节 pH 至 2.0 左右，反应 20 ~ 30 min，将得到的乳白色（或稍偏黄）沉淀洗涤、过滤三次，然后于 100℃ 干燥 12 h 即得不同掺 Ti 量的 $FePO_4 \cdot 2H_2O$。

$Li_{1-4x}Ti_xFePO_4$的制备：按 $n(Li):n(Fe):n(C) = (1-4x):1:1.8$（其中 $x = 0$、0.01、0.02、0.03 和 0.05）称取一定量的 Li_2CO_3、前驱体和乙二酸，以乙醇为介质，在常温下球磨 4 h 后得到浅绿色无定形前驱混合物，将混合物于 80℃烘干后置入程序控温管式炉，在氩气气氛下于 600℃煅烧 12 h，随炉冷却即得橄榄石型 Ti 掺杂的 LiFePO$_4$。

5.2.3.2　$LiFe_{1-3y/2}Al_yPO_4$的制备

掺 Al 前驱体的制备：按 $n(Al):n(Fe):n(H_3PO_4) = (2\sim3)y:1:(1+y)$（其中 $y = 0$、0.01、0.02、0.03 和 0.05，Al 沉淀 25% ~ 35%）称取 $Al_2(SO_4)_3 \cdot 18H_2O$、$FeSO_4 \cdot 7H_2O$ 和 H_3PO_4，溶于去离子水中，在强烈搅拌下加入足量的 H_2O_2，使得全部 Fe（Ⅱ）氧化成 Fe（Ⅲ），用 $NH_3 \cdot H_2O$ 调节 pH 至 2.0 左右，反应 20 ~ 30 min，将得到的乳白色（或稍偏黄）沉淀洗涤、过滤数次，然后于 100℃干燥 12 h 即得不同掺 Al 量的 $FePO_4 \cdot 2H_2O$。

$LiFe_{1-3y/2}Al_yPO_4$的制备：按 $n(Li):n(Fe):n(C) = (1+y/2):1:1.8$（其中 $y = 0$、0.01、0.02、0.03 和 0.05）称取一定量的 Li_2CO_3、前驱体和乙二酸，以乙醇为介质，在常温下球磨 4 h 后得到浅绿色无定形前驱混合物，将混合物于 80℃烘干后置入程序控温管式炉，在氩气气氛下于 600℃煅烧 12 h，随炉冷却即得橄榄石型 Al 掺杂 LiFePO$_4$。

5.2.3.3　$Li_{0.92+4z}Ti_{0.02-z}Fe_{1-3z/2}Al_zPO_4$的制备

掺 Ti－Al 前驱体的制备：按 $n(Ti):n(Al):n(Fe):n(H_3PO_4) = (0.02-z):(2\sim3)z:1:1.02$（其中 $z = 0$、0.005、0.01、0.015 和 0.02）称取 $Ti(SO_4)_2 \cdot H_2O$、$Al_2(SO_4)_3 \cdot 18H_2O$、$FeSO_4 \cdot 7H_2O$ 和 H_3PO_4，溶于去离子水中，在强烈搅拌下加入足量的 H_2O_2，使得 Fe（Ⅱ）全部氧化成 Fe（Ⅲ），用 $NH_3 \cdot H_2O$ 调节 pH 至 2.0 左右，反应 20 ~ 30 min，将得到的乳白色（或稍偏黄）沉淀洗涤、过滤数次，然后于 100℃干燥 12 h 即得含不同 Ti－Al 量的 $FePO_4 \cdot 2H_2O$。

$Li_{0.92+4z}Ti_{0.02-z}Fe_{1-3z/2}Al_zPO_4$的制备：按 $n(Li):n(Fe):n(C) = (0.92+4z):1:1.8$（其中 $z = 0$、0.005、0.01、0.015 和 0.02）称取一定量的 Li_2CO_3、前驱体和乙二酸，以乙醇为介质，在常温下球磨 4 h 后得到浅绿色无定形前驱混合物，将混合物于 80℃烘干后置入程序控温管式炉，在氩气气氛下于 600℃煅烧 12 h，随炉冷却即得橄榄石型 Ti－Al 共掺杂 LiFePO$_4$。

5.2.4　元素定量分析

5.2.4.1　铁元素的测定

用重铬酸钾滴定法测定样品中的铁含量，方法同 4.2.4.1。

5.2.4.2　Ti 和 Al 的测定

用 ICP－AES 法测定样品中 Ti 和 Al 的含量，方法同 2.2.4.3。

5.2.5　物相及结构分析

用 XRD 及 Rietveld 全谱拟合法研究样品的物相及结构，方法同 2.2.5。

5.2.6　形貌分析

用 SEM 分析样品的形貌，方法同 2.2.6。

5.2.7　表面成分分析

用 EDS 分析样品的表面成分，方法同 2.2.7。

5.2.8　微区结构及成分分析

用 HRTEM－EDS 分析样品的微区结构及成分，方法同 4.2.8。

5.2.9　电化学测试

电池的组装、电化学性能测试、循环伏安和交流阻抗的测试方法同 4.2.10。

5.3　前驱体的表征

5.3.1　掺 Ti 前驱体

表 5－2 列出了不同掺 Ti 量前驱体中 Fe 和 Ti 的含量，结果表明，各样品的 Fe 含量均与 $FePO_4 \cdot 2H_2O$ 的理论 Fe 含量（29.89%）接近，Fe 含量虽稍有差异，但无明显规律。从 n_{Ti}/n_{Fe} 比数据可知，各样品的实际掺 Ti 量与期望的掺 Ti 量基本接近。从第 2 章和第 4 章的分析可知，Ti(Ⅳ) 在 pH＝2 时极易水解成 $TiO_2 \cdot xH_2O$，因此 Ti 应该是以 $TiO_2 \cdot xH_2O$ 的形式嵌入到 $FePO_4 \cdot 2H_2O$ 的颗粒之中。

表 5－2　掺 Ti 前驱体中 Fe 和 Ti 的含量

样品	$w_{Fe}/\%$	$w_{Ti}/\%$	$n_{Ti} : n_{Fe}$
$x = 0$	30.18	—	—
$x = 0.01$	29.86	0.246	0.96 : 100
$x = 0.02$	29.92	0.528	2.06 : 100
$x = 0.03$	29.80	0.759	2.97 : 100
$x = 0.05$	29.62	1.257	4.95 : 100

注：x 为实验设计的 Ti/Fe 物质的量比。

图 5 - 1 为不同掺 Ti 量前驱体的 XRD 图。各样品均无明显的衍射峰,说明前驱体为无定形结构,这与文献[32, 272]报道以及第 4 章中的研究结果一致。

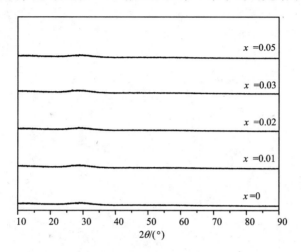

图 5 - 1　不同掺 Ti 量前驱体的 XRD 图谱

图 5 - 2 所示为不同掺 Ti 量前驱体的 SEM 图。Ti^{4+} 的掺入对前驱体的形貌影响不大,各样品的一次颗粒均为 100 ~ 300 nm,一次颗粒团聚成多孔的二次颗粒,这种蓬松的结构具有很大的比表面积,有利于前驱体与锂源以及还原剂接触,从而使反应更加充分。

5.3.2　掺 Al 前驱体

表 5 - 3 为不同掺 Al 量前驱体中 Fe 和 Al 的含量,结果表明,各样品的 Fe 含量均与 $FePO_4 \cdot 2H_2O$ 的理论 Fe 含量(29.89%)非常接近,随着掺 Al 量的升高,Fe 含量稍有降低。从 n_{Al}/n_{Fe} 的比数据可知,各样品的实际掺 Al 量与期望掺 Al 虽有差别,但基本接近。从第 4 章的分析可知,$AlPO_4$ 的溶度积很小,因此 Al 应该是以磷酸盐的形式嵌入到 $FePO_4 \cdot 2H_2O$ 的颗粒之中。

表 5 - 3　掺 Al 前驱体中 Fe 和 Al 的含量

样品	$w_{Fe}/\%$	$w_{Al}/\%$	$n_{Al} : n_{Fe}$
$y = 0$	30.18	—	—
$y = 0.01$	29.92	0.159	1.10 : 100
$y = 0.02$	29.76	0.295	2.05 : 100
$y = 0.03$	29.72	0.457	3.18 : 100
$y = 0.05$	29.55	0.694	4.86 : 100

注:y 为实验设计的 Al/Fe 物质的量比。

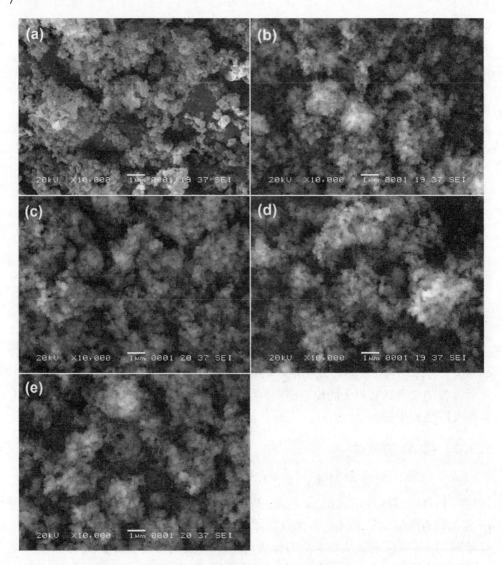

图 5 - 2 不同掺 Ti 量前驱体的 SEM 图

$(a)x=0$; $(b)x=0.01$; $(c)x=0.02$; $(d)x=0.03$; $(e)x=0.05$

与掺 Ti 前驱体相似，掺 Al 前驱体均为无定形结构，且其形貌均与纯 $FePO_4 \cdot 2H_2O$ 相似，在此不再讨论。

5.3.3 掺 Ti - Al 前驱体

表 5 - 4 为双掺杂前驱体中 Fe、Ti 和 Al 的含量，结果表明，各样品的 Fe 含量均与 $FePO_4 \cdot 2H_2O$ 的理论 Fe 含量(29.89%)非常接近，随着 n_{Al}/n_{Ti} 比的升高，Fe

含量的变化无规律可循。从 Al、Ti、Fe 的物质的量比可知,各样品的实际掺 Al 量和掺 Ti 量与期望值基本接近。从前面的分析可知, Al 和 Ti 应该分别是以 $AlPO_4$ 和 $TiO_2 \cdot xH_2O$ 的形式嵌入到 $FePO_4 \cdot 2H_2O$ 的颗粒之中。

与掺 Ti 和掺 Al 前驱体相似,掺 Ti－Al 前驱体均为无定形结构,且其形貌与纯 $FePO_4 \cdot 2H_2O$ 相似,在此不再赘述。

表 5－4　掺 Ti－Al 前驱体中 Fe、Ti 和 Al 的含量

样品	$w_{Fe}/\%$	$w_{Ti}/\%$	$w_{Al}/\%$	$n_{Al} : n_{Ti} : n_{Fe}$
$z = 0$	29.92	0.528	0	0 : 2.06 : 100
$z = 0.005$	29.82	0.376	0.088	0.61 : 1.47 : 100
$z = 0.01$	29.90	0.241	0.156	1.08 : 0.94 : 100
$z = 0.015$	29.82	0.135	0.233	1.62 : 0.53 : 100
$z = 0.02$	29.76	0	0.295	2.05 : 0 : 100

注: z 为实验设计的 Al/Fe 物质的量比,(0.02 − z)为实验设计的 Ti/Fe 物质的量比。

5.4　结构及掺杂机理研究

5.4.1　$Li_{1-4x}Ti_xFePO_4$ 的结构及掺杂机理

由于 Ti 是以 $TiO_2 \cdot xH_2O$ 的形式进入前驱体 $FePO_4 \cdot 2H_2O$ 颗粒中,因此设计实验时 Ti 的掺杂位为 Li(M1)位,理论上相应的化学式为 $Li_{1-4x}Ti_xFePO_4$。

图 5－3(a)、图 5－3(b)分别为 $Li_{1-4x}Ti_xFePO_4(0 \leqslant x \leqslant 0.05)$ 的 XRD 图谱和最强峰(311)面衍射峰的局部放大图。与 LiFePO₄ 的标准图谱(PDF 81－1173)相比,掺 Ti 量 $x \leqslant 0.03$ 时的样品均为单一的橄榄石型 LiFePO₄ 结构(空间群 Pnma),无杂质峰,而当掺 Ti 量 $x = 0.05$ 时则出现 $Li_4P_2O_7$ 杂相。

从 XRD 最强峰的局部放大图[图 5－3(b)]可知,随着掺 Ti 量的增高,最强峰向高角度偏移,说明 Ti 已掺入到晶格中。根据 Bragg 方程式(5－1),峰位向高角度偏移,晶面间距 d 变小;而由 Scherrer 公式[式(5－2)]可知,微晶直径(D)与衍射峰的半峰宽(β)成反比,根据(311)面衍射峰计算出的微晶尺寸 D_{311} 列于表 5－5,数据表明,微晶尺寸随着掺 Ti 量的升高而稍有减小。

$$2d\sin\theta = \lambda \tag{5－1}$$

$$D = K\lambda/\beta\cos\theta \tag{5－2}$$

式中: d 为晶面间距; λ 为入射 X 射线的波长; θ 为布拉格衍射角; D 为微晶直径; K 为 Scherrer 常数($K = 0.89$); β 为衍射峰的半峰宽。

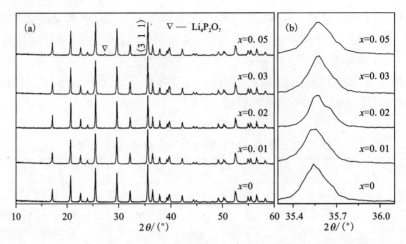

图 5-3　$Li_{1-4x}Ti_xFePO_4$ 的 XRD 图谱(a)及(311)面衍射峰的局部放大图(b)

表 5-5　$Li_{1-4x}Ti_xFePO_4$ 的晶胞常数与晶粒尺寸

样品	$a/Å$	$b/Å$	$c/Å$	$V/Å^3$	D_{311}/nm
$x=0$	10.3224	6.0025	4.6953	290.92	46.32
$x=0.01$	10.3205	6.0007	4.6946	290.74	44.84
$x=0.02$	10.3196	6.0007	4.6942	290.69	44.32
$x=0.03$	10.3174	6.0004	4.6933	290.56	44.10
$x=0.05$	10.3171	5.9981	4.6930	290.42	42.34

　　为了进一步明析其结构,用 Rietveld 方法(Fullprof 软件)对 XRD 数据进行了精修。在精修过程中,用赝-沃伊格特函数模拟衍射峰,精修了如原子位置、占位率、晶格常数、半峰宽、各向同性温度因子等在内的 30 多个参数。精修时,分别按照表 5-6 中的晶体组成模型和缺陷补偿机制对原子位置和占位进行了假设,当按照机制 1# 时得到了最佳精修结果,其精修后的 XRD 图谱见图 5-4,晶胞常数和占位率分别列于表 5-5 和表 5-7。

表 5-6　LiFePO₄ 掺杂的理想晶体组成和缺陷补偿机制,其中 M^{n+} 代表 Mg^{2+}、Al^{3+}、Ti^{4+} 等[26]

序号	理想晶体组成	缺陷补偿机制	缺陷补偿(Kroger - Vink 符号)
1#	$Li_{1-nx}M_x^{n+}FePO_4$	替代 Li & Li 空穴补偿	$[V'_{Li}]=(n-1)[M^{(n-1)\cdot Li}]$
2#	$Li_{1-(n-2)x}M_x^{n+}Fe_{1-x}PO_4$	替代 Fe & Li 空穴补偿	$[V'_{Li}]=(n-2)[M^{(n-2)\cdot Fe}]$
3#	$Li_{1-x}M_x^{n+}Fe_{1-(n-1)x/2}PO_4$	替代 Li & Fe 空穴补偿	$2[V''_{Fe}]=(n-1)[M^{(n-1)\cdot Li}]$
4#	$LiM_x^{n+}Fe_{1-nx/2}PO_4$	替代 Fe & Fe 空穴补偿	$2[V''_{Fe}]=(n-2)[M^{(n-2)\cdot Fe}]$
5#	$LiFePO_4+M_xO_y$	等化学计量 & 杂相	—

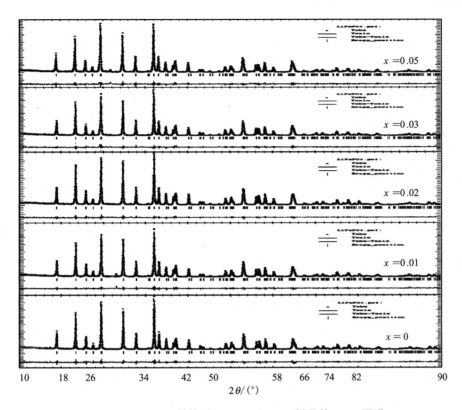

图 5 - 4　Rietveld 精修后 Li$_{1-4x}$Ti$_x$FePO$_4$样品的 XRD 图谱

由图 5 - 4 可知,各样品的 XRD 精修曲线均与测试曲线相吻合,精修误差较小,说明精修结果可靠。由表 5 - 5 可知,晶胞常数 a、b、c 和晶胞体积 V 均随着掺 Ti^{4+}量的升高而稍有减小。由占位率的精修结果(表 5 - 7)可知,当掺杂量较小($x \leqslant 0.03$)时,Ti 占据 Li 位,并产生 Li 离子空穴进行电荷补偿($[V'_{Li}]$ = 3$[Ti^{\cdots Li}]$);但是当掺杂量较高($x = 0.05$)时,虽然部分 Ti 占据 Li 位,但亦有少部分 Ti 占据 Fe 位,杂相 Li$_4$P$_2$O$_7$的产生可能由此引起。

锂缺陷的产生可以大大提高 LiFePO$_4$的电导率:根据 Chiang 等[27]提出的两相模型,LiFePO$_4$在脱嵌锂过程中 Fe^{3+}/Fe^{2+} 的比例发生变化,从而导致 LiFePO$_4$在 P 型和 N 型之间转化。在嵌锂态,锂缺陷的存在使得 Fe^{3+} 含量增加,LiFePO$_4$中 P 型成分增加;而脱锂态恰好相反,N 型成分增加,如下所示:

嵌锂态:Li$^+_{1-a-x}$Ti$^{4+}_x$(Fe$^{2+}_{1-a+3x}$Fe$^{3+}_{a-3x}$)$[PO_4^{3-}]$ (5 - 3)

脱锂态:Ti$^{4+}_x$(Fe$^{2+}_{4x}$Fe$^{3+}_{1-4x}$)$[PO_4^{3-}]$ (5 - 4)

其中:x 为 Ti^{4+} 的掺杂量;($a + x$)为 Li 的缺陷量。Fe^{3+}/Fe^{2+} 混合价态的形成极

大地提高了 $LiFePO_4$ 的导电性[27, 148]。

表 5-7　$Li_{1-4x}Ti_xFePO_4$ 样品 XRD 数据的 Rietveld 精修结果(占位率)

原子	位置	占位率				
		$x=0$	$x=0.01$	$x=0.02$	$x=0.03$	$x=0.05$
Li	4a	1	0.9628	0.9220	0.8836	0.8443
Ti		—	0.0093	0.0195	0.0291	0.0358
Fe	4c	1	1	1	1	0.9803
Ti		—	—	—	—	0.0118
P	4c	1	1	1	1	1
O1	4c	1	1	1	1	1
O2	4c	1	1	1	1	1
O3	8d	1	1	1	1	1

5.4.2　$LiFe_{1-3y/2}Al_yPO_4$ 的结构及掺杂机理

由于 Al 是以 $AlPO_4$ 的形式进入到前驱体 $FePO_4 \cdot 2H_2O$ 颗粒中,因此设计实验时 Al 的掺杂位为 Fe(M2)位,理论上相应的化学式为 $LiFe_{1-3y/2}Al_yPO_4$。

图 5-5(a)、图 5-5(b)分别为 $LiFe_{1-3y/2}Al_yPO_4$($0 \leqslant y \leqslant 0.05$)的 XRD 图谱和最强峰(311)面衍射峰的局部放大图。由图(a)可知,各样品均为单一的橄榄石结构(空间群 Pnma),无杂质峰;衍射峰的强度随着掺 Al 量的升高稍有变低,说明 Al 已掺入到晶格中,适量的 Al 掺杂不会破坏 $LiFePO_4$ 的晶体结构。从图(b)可知,随着掺 Al 量的增高,最强峰先向高角度偏移,到 $y>0.01$ 之后再向低角度偏移。由 Scherrer 公式[式(5-2)]计算得到的微晶尺寸(D_{311})列于表 5-8,数据表明,$LiFe_{1-3y/2}Al_yPO_4$ 的微晶尺寸在 $y=0.01$ 时达到最低,当 $y>0.01$ 时随着掺 Al 量的升高而稍有增大,这与 Ti 掺杂时的规律正好相反。

表 5-8　$LiFe_{1-3y/2}Al_yPO_4$ 的晶胞常数与晶粒尺寸

样品	$a/Å$	$b/Å$	$c/Å$	$V/Å^3$	D_{311}/nm
$y=0$	10.3224	6.0025	4.6953	290.92	46.32
$y=0.01$	10.3228	6.0022	4.6924	290.74	46.01
$y=0.02$	10.3258	6.0067	4.6978	291.38	46.37
$y=0.03$	10.3274	6.0092	4.7021	292.98	46.75
$y=0.05$	10.3306	6.0110	4.7048	292.16	47.08

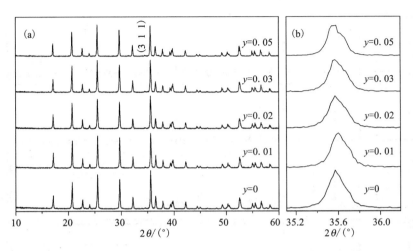

图 5 - 5 　 LiFe$_{1-3y/2}$Al$_y$PO$_4$ 的 XRD 图谱(a)及(311)面衍射峰的局部放大图(b)

为了进一步研究其结构,同样用 Rietveld 方法对 XRD 数据进行了精修。精修时,分别按照表 5 - 6 中的晶体组成模型和缺陷补偿机制对原子位置和占位进行了假设,当掺杂量 y = 0.01 时,按照机制 4$^\#$ 得到了最佳精修结果,当 $y \geq 0.02$ 时,综合机制 1$^\#$ 和 4$^\#$ 得到了最佳精修结果,其精修后的 XRD 图谱见图 5 - 6,晶胞常数和占位率分别列于表 5 - 8 和表 5 - 9。

表 5 - 9 　 LiFe$_{1-3y/2}$Al$_y$PO$_4$ 样品 XRD 数据的 Rietveld 精修结果(占位率)

原子	位置	占位率				
		$y = 0$	$y = 0.01$	$y = 0.02$	$y = 0.03$	$y = 0.05$
Li	4a	1	1	0.9748	0.9658	0.9271
Al		—	—	0.0084	0.0114	0.0243
Fe	4c	1	0.9829	0.9840	0.9721	0.9643
Al		—	0.0114	0.0107	0.0186	0.0238
P	4c	1	1	1	1	0.9902
O1	4c	1	1	1	1	1
O2	4c	1	1	1	1	1
O3	8d	1	1	1	1	1

图 5 - 6 表明精修曲线与测试曲线吻合,精修误差小,说明精修结果可靠。由表 5 - 8 可知,随着掺 Al^{3+} 量的升高,晶胞常数 a 增大,而 b、c 和晶胞体积 V 均是

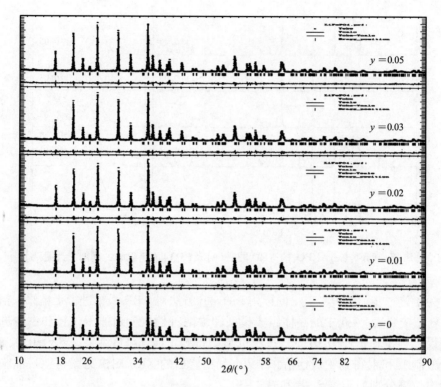

图5-6　Rietveld 精修后 $LiFe_{1-3y/2}Al_yPO_4$ 样品的 XRD 图谱

先减小后增大，且均在 $y=0.01$ 时达到最小值。由占位率（表5-9）的精修结果可知，当掺 Al 量 $y=0.01$ 时，Al 占据 Fe 位，并由 Fe 位产生空穴进行电荷补偿（$[V''_{Fe}]=[Al_{Fe}^{\cdot}]/2$）；但是当掺 Al 量 $y\geqslant0.02$ 时，Al 同时占据 Li 位和 Fe 位，并且在 Li 位和 Fe 位都有空穴产生（$[V'_{Li}]=2[Al^{\cdot\cdot Li}]$，$[V''_{Fe}]=[Al_{Fe}^{\cdot}]/2$）。因此，当 $y\geqslant0.02$ 时 Al 掺杂 $LiFePO_4$ 的实际组成与初始设计的 $LiFe_{1-3y/2}Al_yPO_4$ 不同，应记为 $Li_{1-3a}Al_aFe_{1-3(y+a)/2}Al_{y-a}PO_4$，但为了便于表达，下文仍以 $LiFe_{1-3y/2}Al_yPO_4$ 表示。

根据 Chiang 等[27] 提出的两相模型，$LiFePO_4$ 和 $FePO_4$ 两相界面具有极低的电导率，但是，当 Al^{3+} 掺杂在 Fe 位产生铁位缺陷时，根据电荷守恒定律，其嵌锂态和脱锂态的表达式见式（5-5）和式（5-6）：

嵌锂态：$Li_{1-y+2b}^{+}(Fe_{2+1-y-b}Al_y^{3+})[PO_4^{3-}]$ 　　　　　　　　　　　　　　　（5-5）

脱锂态：$Li_{3b}^{+}(Fe_{3+1-y-b}Al_y^{3+})[PO_4^{3-}]$ 　　　　　　　　　　　　　　　（5-6）

式中：y 为 Al^{3+} 的掺杂量；$(y+b)$ 为 Fe 缺陷量。由式（5-6）可知，当存在 Fe 空位（即 $b>0$）时 $LiFePO_4$ 中的 Li 不能完全脱去，阻碍了单相 $FePO_4$ 的形成，从而有利于其电导率的提高，本书中掺 Al^{3+} 量 $y=0.01$ 时即属于这种情况。

但是，当 $y \geq 0.02$ 时，Al^{3+} 同时占据 Li 位和 Fe 位，并在 Li 位和 Fe 位产生空穴，在这种情况下，Al^{3+} 掺杂除了会阻碍单相 $FePO_4$ 生成之外，还会导致 Fe^{3+}/Fe^{2+} 混合电对的产生，二者都能极大地提高 $LiFePO_4$ 的电导率，其嵌锂态和脱锂态的表达式见式(5-7)和式(5-8)：

$$嵌锂态：Li_{1-x-a-y+2b'}^+ Al_x^{3+} (Fe_{2+1+2x-a-y-b'} Fe^{3+a-2x} Al_y^{3+}) [PO_4^{3-}] \qquad (5-7)$$

$$脱锂态：Li_{3b'}^+ Al_x^{3+} (Fe_{2+3x} Fe_{3+1-3x-y-b'} Al_y^{3+}) [PO_4^{3-}] \qquad (5-8)$$

式中：x 为 Al^{3+} 在 Li 位的掺杂量；y 为 Al^{3+} 在 Fe 位的掺杂量；$(x+a+y-2b')$ 为 Li 缺陷量；$(y+b')$ 为 Fe 缺陷量。

5.4.3 $Li_{0.92+4z}Ti_{0.02-z}Fe_{1-3z/2}Al_zPO_4$ 的结构及掺杂机理

由于 Ti 和 Al 分别以 $TiO_2 \cdot xH_2O$ 和 $AlPO_4$ 的形式进入到前驱体 $FePO_4 \cdot 2H_2O$ 颗粒中，因此共掺杂时将 Ti 和 Al 分别设计为掺 Li 位和 Fe 位，当 Ti 和 Al 的总掺杂量为 2% 时，理论上相应的化学式为 $Li_{0.92+4z}Ti_{0.02-z}Fe_{1-3z/2}Al_zPO_4$。

图5-7(a)、图5-7(b)分别为 $Li_{0.92+4z}Ti_{0.02-z}Fe_{1-3z/2}Al_zPO_4(0 \leq z \leq 0.02)$ 的 XRD 图谱和最强峰(311)面衍射峰的局部放大图。由图(a)可知，各样品均为单一的橄榄石结构(空间群 Pnma)，无杂质峰，说明双掺杂没有破坏其晶体结构。从图(b)可知，随着 Al/Ti 比的升高，最强峰先向高角度偏移，到 $z>0.01$ 之后再向低角度偏移。由 Scherrer 公式计算得到的微晶尺寸(D_{311})列于表5-10，数据表明，随着 z 的升高，样品的微晶尺寸先减小再增大，且在 $z=0.01$ 时达到最小。z 升高是掺 Al 量升高和掺 Ti 量减小的过程，若从单掺杂考虑，掺 Al 量升高时晶粒尺寸先减小后增大，而掺 Ti 量减小则晶粒尺寸增大，若将二者合并，不难发现 Al-Ti 共掺杂基本符合它们单掺杂时显示出的结构变化规律。

表 5-10 $Li_{0.92+4z}Ti_{0.02-z}Fe_{1-3z/2}Al_zPO_4$ 的晶胞常数及晶粒尺寸

样品	a/Å	b/Å	c/Å	V/Å³	D_{311}/nm
$z=0$	10.3196	6.0007	4.6942	290.69	44.32
$z=0.005$	10.3204	6.0002	4.6910	290.49	43.28
$z=0.01$	10.3215	6.0031	4.6936	290.82	43.10
$z=0.015$	10.3241	6.0052	4.6941	291.03	45.09
$z=0.02$	10.3258	6.0067	4.6978	291.38	46.37

用 Rietveld 方法对双掺杂样品($z=0.005$、0.01 和 0.015)的 XRD 数据进行了精修。精修时分别按表5-6中的晶体组成模型和缺陷补偿机制对原子位置和占

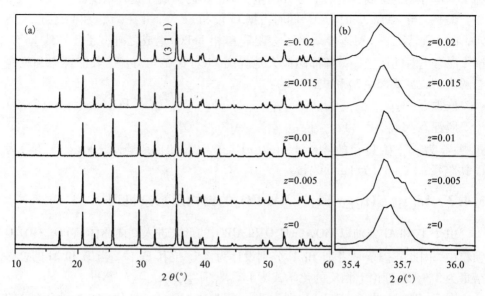

图 5 - 7 $Li_{0.92+4z}Ti_{0.02-z}Fe_{1-3z/2}Al_zPO_4$ 的 XRD 图谱(a)及(311)面衍射峰的局部放大图(b)

位进行了假设,最后综合机制 1# 和 4# 得到了最佳精修结果,其精修后的 XRD 图谱如图 5 - 8,晶胞常数和占位率分别列于表 5 - 10 和表 5 - 11。

表 5 - 11 $Li_{0.92+4z}Ti_{0.02-z}Fe_{1-3z/2}Al_zPO_4$ 样品 XRD 数据的 Rietveld 精修结果(占位率)

原子	位置	占位率				
		$z=0$	$z=0.005$	$z=0.01$	$z=0.015$	$z=0.02$
Li		0.9220	0.9376	0.9510	0.9750	0.9748
Al	4a	—	—	0.0018	0.0022	0.0084
Ti		0.0195	0.0156	0.0109	0.0046	—
Fe	4c	1	0.9913	0.9864	0.9823	0.9840
Al	4c	—	0.0058	0.0091	0.0118	0.0107
P	4c	1	1	1	1	1
O1	4c	1	1	1	1	1
O2	8d	1	1	1	1	1
O3		1	1	1	1	1

图 5 - 8 表明精修曲线与测试曲线吻合,精修误差小,说明精修结果可靠。由表 5 - 10 可知,随着 z 升高(即 Al/Ti 增大),$Li_{0.92+4z}Ti_{0.02-z}Fe_{1-3z/2}Al_zPO_4$ 的晶胞常

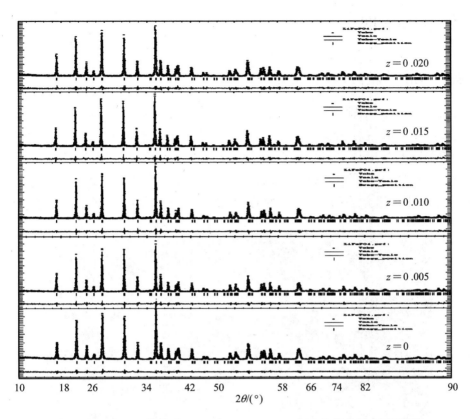

图 5 – 8　Rietveld 精修后 $Li_{0.92+4z}Ti_{0.02-z}Fe_{1-3z/2}Al_zPO_4$ 样品的 XRD 图谱

数 a 增大，而 b、c 和晶胞体积 V 则先减小后增大，且均在 $z = 0.005$ 时达到最小值，因此晶胞常数的变化也基本符合它们单掺杂时显示出的变化规律。由表 5 – 11 的占位率可知，当 $z = 0.005$ 时，Al、Ti 分别占据 Fe 位和 Li 位，并且在 Fe 位和 Li 位产生空穴进行电荷补偿（$[V''_{Fe}] = [Al^{\cdot}_{Fe}]/2$，$[V'_{Li}] = 3[Ti^{\cdots Li}]$）；但是当 $z = 0.01$ 和 0.015 时，Al 同时占据 Li 位和 Fe 位，而 Ti 依然占据 Li 位，并且在 Li 位和 Fe 位都有空穴产生（$[V''_{Fe}] = [Al^{\cdot}_{Fe}]/2$，$[V'_{Li}] = 2[Al^{\cdot\cdot Li}] + 3[Ti^{\cdots Li}]$）。因此，当 $z = 0.01$ 和 0.015 时，双掺杂样品的实际组成与初始设计的 $Li_{0.92+4z}Ti_{0.02-z}Fe_{1-3z/2}Al_zPO_4$ 不同，应表述为 $Li_{0.92+4z-3a}Ti_{0.02-z}Al_aFe_{1-3(z-a)/2}Al_{z-a}PO_4$，但是为了便于表达，下文仍以 $Li_{0.92+4z}Ti_{0.02-z}Fe_{1-3z/2}Al_zPO_4$ 表示。

5.5 形貌分析

5.5.1 $Li_{1-4x}Ti_xFePO_4$ 的形貌

图 5 - 9 所示为 $Li_{1-4x}Ti_xFePO_4$ 样品的 SEM 像。各样品都同时存在细小的一次颗粒(100 ~ 500 nm)和由一次颗粒团聚而成的二次颗粒,其中,未掺杂样品的颗粒团聚得较严重,掺杂样品的颗粒较分散,而且掺杂量越高样品中团聚的颗粒越少,这说明 Ti^{4+} 的掺入能有效地抑制颗粒团聚,使材料细化,这与第 4 章(4.5.2.3)中的研究结果一致。产物的粒径越大,Li^+ 在固相中扩散的路径越长,

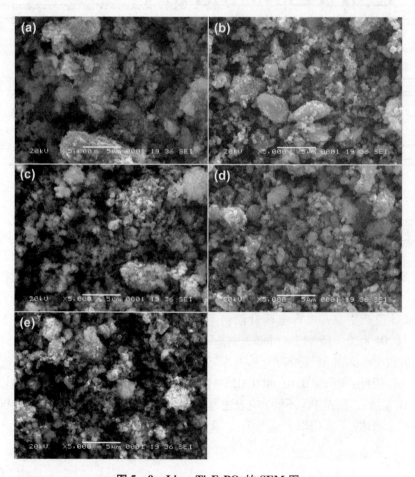

图 5 - 9 $Li_{1-4x}Ti_xFePO_4$ 的 SEM 图

(a)$x = 0$; (b)$x = 0.01$; (c)$x = 0.02$; (d)$x = 0.03$; (e)$x = 0.05$

材料的电化学性能(特别是大倍率性能)就越受制于 Li^+ 的扩散，因此颗粒细化有助于 LiFePO₄容量的发挥[157]；此外，颗粒细化能增大材料的比表面积，从而有利于提高大电流放电时活性物质的利用率[153]。

5.5.2　$LiFe_{1-3y/2}Al_yPO_4$ 的形貌

图 5 – 10 为 $LiFe_{1-3y/2}Al_yPO_4$ 样品的 SEM 像。由图可知，各样品都同时存在细小的一次颗粒和由一次颗粒团聚而成的二次颗粒；当掺 Al^{3+} 量较低时($y \leqslant 0.02$)，掺杂样品的一次颗粒粒径与未掺杂样品相当($100 \sim 500$ nm)，但是未掺杂样品的颗粒团聚较为严重，掺杂样品较分散；而当掺 Al^{3+} 量较高时($y \geqslant 0.03$)，样品的一次颗粒粒径增大($200 \sim 1000$ nm)，而且团聚也变得严重。也就是说，少量 Al^{3+}

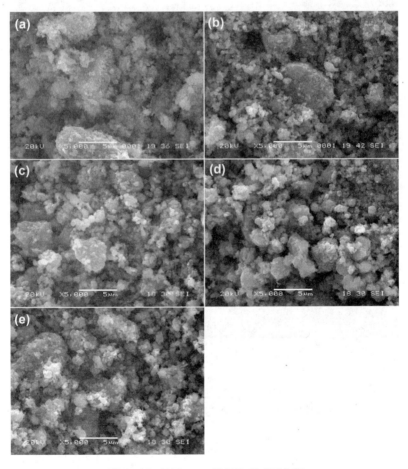

图 5 – 10　$LiFe_{1-3y/2}Al_yPO_4$ 的 SEM 图

(a)$y = 0$；(b)$y = 0.01$；(c)$y = 0.02$；(d)$y = 0.03$；(e)$y = 0.05$

掺杂能有效抑制 $LiFePO_4$ 一次颗粒的团聚，但进一步提高 Al^{3+} 掺杂量反而促使其团聚，而且也使一次颗粒增大，因此 Al^{3+} 的掺杂量不宜过高。

5.5.3 $Li_{0.92+4z}Ti_{0.02-z}Fe_{1-3z/2}Al_zPO_4$ 的形貌

图 5-11 为 $Li_{0.92+4z}Ti_{0.02-z}Fe_{1-3z/2}Al_zPO_4$ 样品的 SEM 图。由图可知，单掺杂样品（$z=0$ 和 0.02）和双掺杂样品（$z=0.005$、0.01 和 0.015）的形貌相似，均由 100～500 nm 的一次颗粒和 1～5 μm 的二次颗粒构成，且二次颗粒疏松多孔。由此可见，在总掺杂量一定的情况下，$LiFePO_4$ 的形貌受 Al/Ti 比的影响不大。

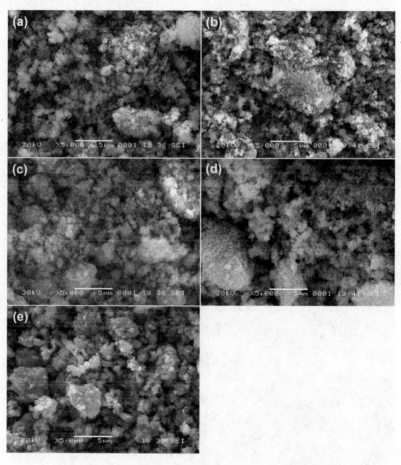

图 5-11　$Li_{0.92+4z}Ti_{0.02-z}Fe_{1-3z/2}Al_zPO_4$ 的 SEM 图
(a)$z=0$; (b)$z=0.005$; (c)$z=0.01$; (d)$z=0.015$; (e)$z=0.02$

5.6　LiFePO₄晶粒的微区结构、形貌及组元分布研究

5.6.1　Li₀.₉₂Ti₀.₀₂FePO₄晶粒的微区研究

图 5－12 为 Li₀.₉₂Ti₀.₀₂FePO₄样品的 TEM、HRTEM 和 EDS 图。由图（a）、图

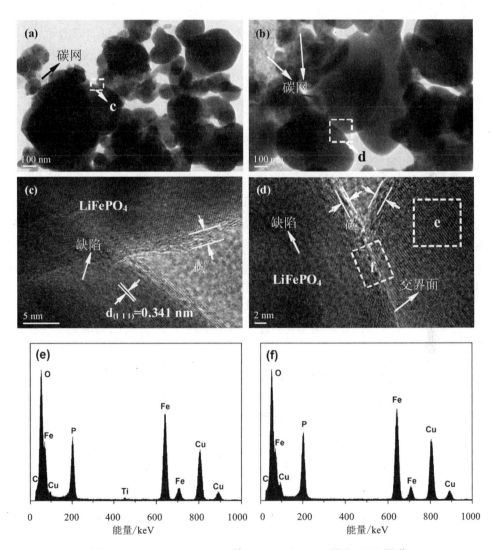

图 5－12　Li₀.₉₂Ti₀.₀₂FePO₄的 TEM、HRTEM 图和 EDS 图谱

（a）（b）TEM 图；（c）c 区 HRTEM 图；（d）d 区 HRTEM 图；（e）e 区 EDS 图；（f）f 区 EDS 图

(b)可知，$Li_{0.92}Ti_{0.02}FePO_4$晶粒为100～800 nm的类球形结构，晶粒之间有纳米碳网相连，这些碳网可作为颗粒间导电的桥梁。由图(c)、图(d)可知，晶粒的晶格清晰，表明结晶良好，但是晶格中也存在一些缺陷，这些缺陷是由于Ti^{4+}掺杂引起的；另外，$LiFePO_4$晶粒表面均匀地包覆着一层无定形碳膜，其厚度为1～2 nm。上述碳网、碳膜存在于颗粒表面或颗粒之间，不仅有助于提高颗粒之间的导电性，还能阻止颗粒进一步长大；而晶格缺陷则能提高材料的本征电导率，同时能为锂离子提供更多的迁移通道。这两方面的因素都能提高$LiFePO_4$的电化学性能。

图(e)、图(f)分别为e区和f区的EDS图谱，能谱检测到$Li_{0.92}Ti_{0.02}FePO_4$晶粒中有少量Ti存在(e区域)，这说明Ti^{4+}已成功地掺入到$LiFePO_4$晶格中；但是，在晶界区(f区域)并未检测到Ti，这可能是由于晶界区的Ti含量太低导致超出能谱的检测限引起的。

此外，其他$Li_{1-4x}Ti_xFePO_4$样品的微区分析结果也基本相似，这里不再赘述。

5.6.2 $LiFe_{0.97}Al_{0.02}PO_4$晶粒的微区研究

图5-13为$LiFe_{0.97}Al_{0.02}PO_4$样品的TEM、HRTEM和EDS图。由图5-13(a)、图5-13(b)可知，样品晶粒的大小为0.1～1 μm，晶粒之间有纳米碳网相连。由图5-13(c)、图5-13(d)可知，$LiFe_{0.97}Al_{0.02}PO_4$晶粒的晶格清晰，表明结晶良好，但是晶格中也存在一些缺陷，这些缺陷可能是由于Al^{3+}掺杂引起的；另外，$LiFePO_4$晶粒表面均匀地包覆着一层无定形碳膜(厚2～4 nm)，形成了一种"核-壳"结构。这种无定形碳"壳"不仅能够阻止$LiFePO_4$晶粒"核"进一步长大，而且能大大提高颗粒之间的导电性；而晶格缺陷则能提高材料的本征电导率，还能为锂离子的迁移提供更多的通道。上述因素均能改善$LiFePO_4$的电化学性能。

图5-13(e)、图5-13(f)分别为e区和f区的EDS图谱，能谱检测到$LiFe_{0.97}Al_{0.02}PO_4$晶粒中和晶界上均有少量Al存在，说明Al^{3+}已成功地掺入到$LiFePO_4$晶格中，且分布非常均匀。

此外，其他$LiFe_{1-3y/2}Al_yPO_4$样品的微区分析结果也基本相似，这里不再赘述。

5.6.3 $Li_{0.96}Ti_{0.01}Fe_{0.985}Al_{0.01}PO_4$晶粒的微区研究

图5-14为$Li_{0.96}Ti_{0.01}Fe_{0.985}Al_{0.01}PO_4$样品的TEM、HRTEM和EDS图。由图5-14(a)、图5-14(b)可知，样品的晶粒为0.1～1 μm的类球形结构，晶粒之间有纳米碳网相连；由图5-14(c)、图5-14(d)可知，样品的晶粒为"核-壳"结构，即$LiFePO_4$晶粒表面均匀地包覆着一层无定形碳膜(厚2～6 nm)。这些碳网、碳膜可作为颗粒之间的导电桥梁，能大大提高颗粒之间的导电性；此外，

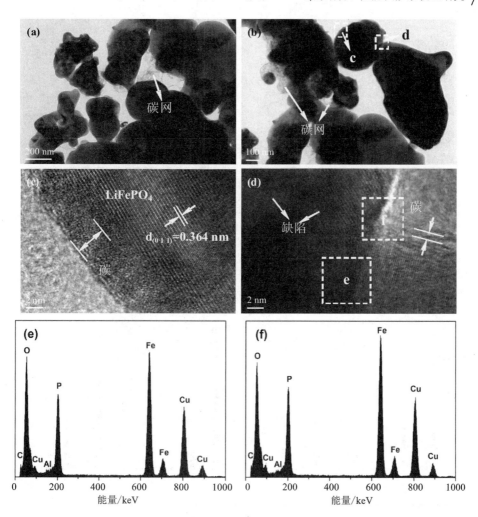

图 5 – 13　LiFe₀.₉₇Al₀.₀₂PO₄ 的 TEM、HRTEM 图和 EDS 图谱

(a)(b) TEM 图；(c) c 区 HRTEM 图；(d) d 区 HRTEM 图；(e) e 区 EDS 图；(f) f 区 EDS 图

"碳壳"还能阻止颗粒进一步长大。与单掺杂样品一样，双掺杂 LiFePO₄ 的晶格清晰，结晶良好，而且晶格中也同样存在一些缺陷，这些缺陷是由于 Ti^{4+} 和 Al^{3+} 掺杂引起的。这些晶格缺陷能提高 LiFePO₄ 的本征电导率，从而极大地改善 LiFePO₄ 的电化学性能。

图 5 – 14(e)、图 5 – 14(f) 分别为 e 区和 f 区的 EDS 图谱，能谱检测到在晶粒中(e 区域)有少量 Ti 和 Al 存在，说明 Ti^{4+} 和 Al^{3+} 均已成功地掺入到 LiFePO₄ 晶格中；但是在晶界区(f 区域)仅检测到极少量的 Al，而 Ti 并未检测出。此外，也对其他 $Li_{0.92+4z}Ti_{0.02-z}Fe_{1-3z/2}Al_zPO_4$ 样品进行了微区分析，结果基本相似。

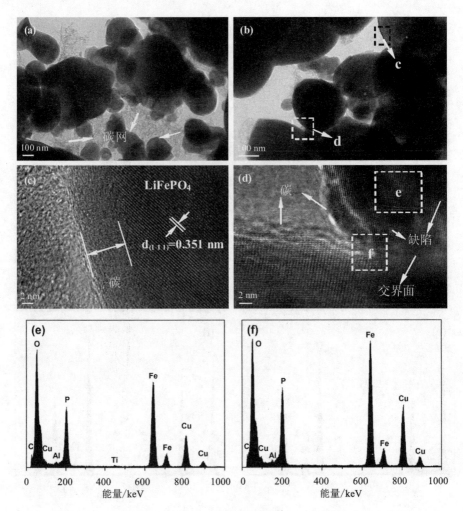

图 5-14 $Li_{0.98+z}Ti_{0.02-z}Fe_{1-z}Al_zPO_4$ 的 TEM、HRTEM 图和 EDS 图谱

(a)(b) TEM 图；(c) c 区 HRTEM 图；(d) d 区 HRTEM 图；(e) e 区 EDS 图；(f) f 区 EDS 图

5.7 电极动力学研究

5.7.1 $Li_{1-4x}Ti_xFePO_4$ 电极的动力学研究

5.7.1.1 循环伏安分析

图 5-15 所示为 $Li_{1-4x}Ti_xFePO_4$ 样品的循环伏安曲线。由图可知，各样品均有且仅有一对氧化还原峰，氧化峰在 3.5 V 附近，还原峰在 3.4 V 附近。从标出的电势数值可以看出，与未掺杂样品相比，Ti^{4+} 掺杂样品的氧化峰电势下降，还原

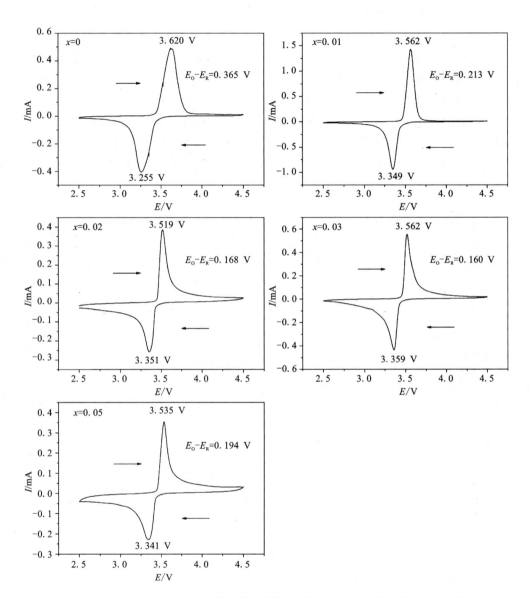

图 5 - 15　Li$_{1-4x}$Ti$_x$FePO₄ 的循环伏安图谱 (扫描速率 0.1 mV/s, 2.5 ~ 4.5 V)

峰电势升高; 随着掺 Ti^{4+} 量的升高, 氧化还原峰之间的电势差先减小后增大, 且在 $x = 0.03$ 时达到最小。因此, 适量 Ti^{4+} 掺杂能提高 LiFePO₄ 电极反应的可逆性, 减小极化, 使得电极反应更易进行。

5.7.1.2 交流阻抗分析

图 5 – 16 为 $Li_{1-4x}Ti_xFePO_4$ 的 EIS 图谱、$Z'-\omega^{-0.5}$ 曲线和模拟电路图。由图 (a)、图(b)可知，各样品的 EIS 图谱均由一个半圆和一条斜线组成，半圆在高频区与实轴的截距代表溶液阻抗，半圆的半径代表电荷转移阻抗，斜线代表锂离子在电极材料中扩散引起的 Warburg 阻抗。为了得到更为精确的阻抗参数，用图 (d)所示的等效电路对 EIS 曲线进行了模拟，电路中用 R_s 描述电解液电阻，用 R_{ct} 描述锂离子在活性物质表面和界面膜之间的电荷转移电阻，用常相位元件 CPE 描述双电层容[273]，用 W 描述 Warburg 阻抗。模拟得到的阻抗参数 R_s 和 R_{ct} 列于表5 – 12。

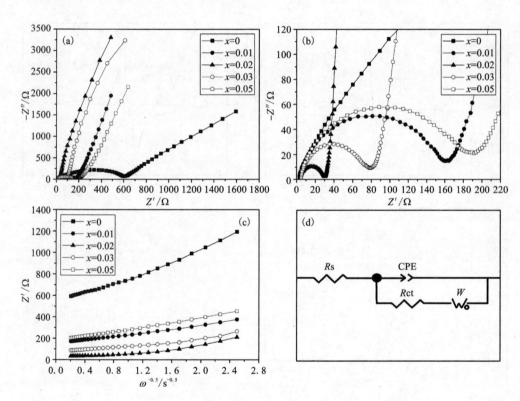

图 5 – 16 $Li_{1-4x}Ti_xFePO_4$ 的(a) EIS 图谱, (b) EIS 放大图, (c) $Z'-\omega^{-0.5}$ 曲线和 (d) 模拟电路图
(测试条件: 充电态约 4.0 V, 0.01 ~ 100 kHz, 振幅 5 mV)

由 R_{ct} 和式(5 – 9)可计算得到交换电流密度(i^0)[274]，结果也列于表 5 – 12。

$$i^0 = RT/FR_{ct} \qquad (5-9)$$

其中: R 为气体常数; T 为绝对温度; F 为法拉第常数; R_{ct} 为电荷转移电阻。

交换电流 i^0 表示平衡电位下电极氧化或还原反应的速度。在平衡电位下，电极处于可逆状态,从宏观上看,体系并未发生任何变化,即净反应速率为零;但从微观上看,物质的交换始终没有停止,只是正反两个反应速率相等而已。因此,可用交换电流密度来定量描述电极反应的可逆程度。交换电流越大,表示该电极平衡越不容易遭到破坏,即电极反应的可逆性越大。影响电极交换电流密度的主要因素有材料的结构、电极表面特性及反应物与产物的浓度等。在本研究中,由于各样品的电极表面特性相似,且测试在同一电位下进行(即浓度相似),因此交换电流密度的变化主要是由于材料的结构变化引起的。由表 5 – 12 可知,掺 Ti^{4+} 样品的 i^0 均高于未掺杂样品,随着掺 Ti^{4+} 量的升高,i^0 先增大后减小,且在 $x = 0.02$ 时达到最大(9.91×10^{-4} mA/cm^2),说明适量的 Ti^{4+} 掺杂能提高 LiFePO$_4$ 电极反应的可逆性,使得电极反应更易进行。

表 5 – 12　Li$_{1-4x}$Ti$_x$FePO$_4$ 的阻抗参数、锂离子扩散系数及交换电流密度

Li$_{1-x}$Ti$_x$FePO$_4$	R_s/Ω	R_{ct}/Ω	σ_w/(Ω · cm^2 · s$^{-0.5}$)	D/(cm^2 · s^{-1})	i^0/(mA · cm^{-2})
$x = 0$	3.00	598.5	249.67	4.60×10^{-14}	4.29×10^{-5}
$x = 0.01$	3.79	156.8	84.81	3.98×10^{-13}	1.64×10^{-4}
$x = 0.02$	3.67	25.9	64.27	6.94×10^{-13}	9.91×10^{-4}
$x = 0.03$	4.03	74.4	64.52	6.88×10^{-13}	3.45×10^{-4}
$x = 0.05$	4.89	185.9	106.19	2.54×10^{-13}	1.38×10^{-4}

注:R_s 为溶液阻抗,R_{ct} 为电荷转移阻抗,σ_w 为 Warburg 阻抗系数,D 为锂离子扩散系数,i^0 为交换电流密度。

由图 5 – 16(a)、图 5 – 16(b)可知,电极体系的总阻抗(实轴)由溶液阻抗、电荷转移电阻和 Warburg 阻抗组成,可用公式(5 – 10)表达如下:

$$Z_{re} = R_s + R_{ct} + \sigma_w \cdot \omega^{-0.5} \tag{5 – 10}$$

其中:Z_{re} 为总阻抗;R_s 为溶液电阻;R_{ct} 为电荷转移电阻;$\sigma_w \cdot \omega^{-0.5}$ 为 Warburg 阻抗;ω 为角频率。

由式(5 – 10)可知,在低频区,以 Z_{re}(即 Z')为 y 轴,$\omega^{-0.5}$ 为 x 轴作直线,其斜率为 Warburg 阻抗系数(σ_w),而由 σ_w 和式(5 – 11)可得到锂离子扩散系数(D)。

$$D = 0.5 \left(\frac{RT}{An^4F^2\sigma_w C} \right)^{2[260, 274–276]} \tag{5 – 11}$$

式中:R 为气体常数;T 为绝对温度;A 为电极表面积;n 为转移电荷数;F 为法拉第常数;σ_w 为 Warburg 阻抗系数;C 为晶胞中的锂离子浓度。对于 Li$_\delta$FePO$_4$ 材料而言,一个晶胞中含有 4δ 个锂离子,其晶胞体积约 0.2909×10^{-21} cm^3,则晶胞中锂离子浓度为 $C = 2.284\delta \times 10^{-2}$ mol/cm^3。此处 LiFePO$_4$ 为脱锂态($\delta \approx 0.1$),则锂离子浓度 C 约为 2.284×10^{-3} mol/cm^3。

锂离子扩散系数(D)是评价电极材料的一个重要参数,它对电极的极化以及电池的充放电性能有较大影响,特别是电池在大电流下的充放电性能。锂离子扩散系数大的材料,其快速充放电能力就强。由式(5-11)计算得到的 D 列于表5-12,结果表明,掺 Ti^{4+} 样品的锂离子扩散系数(D)均高出未掺杂样品一个数量级左右,且随着掺 Ti^{4+} 量的升高,D 先增大后减小,并在 $x = 0.02$ 时达到最大(6.94×10^{-13} cm^2/s)。影响离子扩散系数的主要因素有:扩散基质的晶体结构、离子与基质间的相互作用能、结构中的空位浓度(若为空位扩散机制)。一方面,随着 x 增大,$LiFePO_4$ 的晶胞常数 b 减小,由于在充放电过程中 Li^+ 在 $LiFePO_4$ 晶格中是沿 b 轴方向移动[277, 278],因此 b 减小有利于 Li^+ 的扩散;随着 x 增大,$LiFePO_4$ 晶格中 Li 空位的浓度增加,减小了 Li^+ 扩散的阻力,有利于其扩散。另一方面,随着掺杂量的升高,占据在 Li 位的 Ti^{4+} 越来越多,Ti^{4+} 会阻碍 Li^+ 的扩散。当 x 由 0 增大到 0.02 时,b 轴减小和空位浓度升高对 Li^+ 扩散的影响大于 Ti^{4+} 占据 Li 位对 Li^+ 扩散的影响,因此扩散系数增大;但是,当 $x > 0.02$,Ti^{4+} 对 Li^+ 扩散的影响反而大于 b 轴和空位浓度变化对 Li^+ 扩散的影响,因此 D 减小。此外,当 $x = 0.05$ 时 $Li_4P_2O_7$ 相的产生也会使 D 减小。

交换电流密度和锂离子扩散系数的增大有利于克服电极在充放电过程中的动力学限制,使得 Li^+ 在 $LiFePO_4$ 颗粒表面和内部的传递速率及脱/嵌深度得到提高,降低了 Li^+ 在颗粒内部和表面的浓度差,从而有助于减小极化、提高比容量和改善循环性能。

5.7.2　$LiFe_{1-3y/2}Al_yPO_4$ 电极的动力学研究

5.7.2.1　循环伏安分析

图5-17所示为 $LiFe_{1-3y/2}Al_yPO_4$ 样品的循环伏安曲线。各样品的循环伏安曲线均有且仅有一对氧化还原峰,氧化峰和还原峰分别在 3.5 V 和 3.4 V 附近。从标出的电势数值可以看出,与未掺杂样品相比,Al^{3+} 掺杂样品的氧化峰电势下降,还原峰电势升高;随着掺 Al^{3+} 量的升高,氧化还原峰之间的电势差先减小后增大,且在 $y = 0.02$ 时达到最小。因此,适量 Al^{3+} 掺杂能提高 $LiFePO_4$ 电极反应的可逆性,减小极化,使得电极反应更易进行。

5.7.2.2　交流阻抗分析

图5-18为 $LiFe_{1-3y/2}Al_yPO_4$ 的 EIS 图谱、$Z'-\omega^{-0.5}$ 曲线和模拟电路图。与掺 Ti 样品相似,$LiFe_{1-3y/2}Al_yPO_4$ 样品的 EIS 图谱均由一个半圆和一条斜线组成,半圆在高频区与实轴的截距代表溶液阻抗,半圆的半径代表电荷转移阻抗,斜线代表锂离子在电极材料中扩散引起的 Warburg 阻抗。用图(d)所示的等效电路对 EIS 曲线进行了模拟,电路中各元件代表的含义见 5.7.1.2。模拟得到的阻抗参

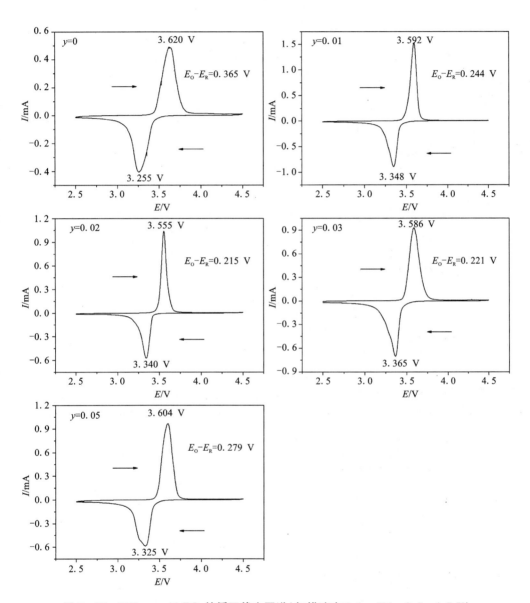

图 5 – 17　LiFe$_{1-3y/2}$Al$_y$PO₄的循环伏安图谱(扫描速率 0.1 mV/s, 2.5 ~ 4.5 V)

数 R_s 和 R_{ct}，以及由式(5-9)计算得到的交换电流密度(i^0)列于表5-13。

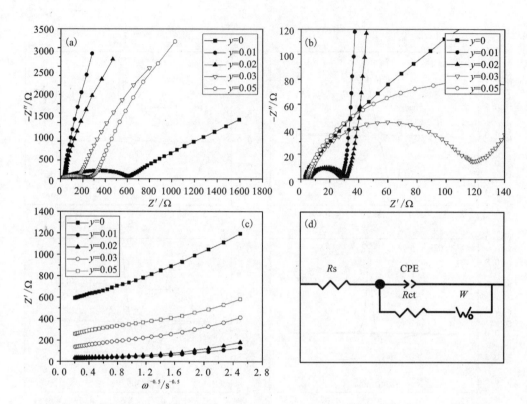

图 5-18 $LiFe_{1-3y/2}Al_yPO_4$的（a）EIS 图谱，（b）EIS 放大图，（c）$Z'-\omega^{-0.5}$曲线和
（d）模拟电路图(测试条件：充电态约 4.0 V, 0.01～100 kHz, 振幅 5 mV)

表 5-13 $LiFe_{1-3y/2}Al_yPO_4$的阻抗参数、锂离子扩散系数及交换电流密度

$LiFe_{1-3y/2}Al_yPO_4$	R_s/Ω	R_{ct}/Ω	$\sigma_w/(\Omega \cdot cm^2 \cdot s^{-0.5})$	$D/(cm^2 \cdot s^{-1})$	$i^0/(mA \cdot cm^{-2})$
$y=0$	3.00	598.5	249.67	4.60×10^{-14}	4.29×10^{-5}
$y=0.01$	5.71	21.6	35.36	2.29×10^{-12}	1.19×10^{-3}
$y=0.02$	6.28	24.5	51.50	1.08×10^{-12}	1.04×10^{-3}
$y=0.03$	6.68	112.4	106.61	2.52×10^{-13}	2.28×10^{-4}
$y=0.05$	4.36	236.4	123.93	1.87×10^{-13}	1.09×10^{-4}

注：R_s为溶液阻抗，R_{ct}为电荷转移阻抗，σ_w为 Warburg 阻抗系数，D为锂离子扩散系数，i^0为交换电流
密度。

本研究在保持 $LiFe_{1-3y/2}Al_yPO_4$电极的表面特性、反应物与产物浓度一致(相同电位)的情况下，研究了材料的结构(Al^{3+}掺杂)对 $LiFePO_4$交换电流密度的影

响。由表 5 - 13 可知，掺 Al^{3+}样品的 i^0 远高于未掺杂样品，随着掺 Al^{3+}量的升高，i^0 先增大后减小，且在 $y = 0.01$ 时达到最大（1.19×10^{-3} mA/cm^2），说明适量的 Al^{3+}掺杂能提高 LiFePO$_4$电极反应的可逆性，使得电极反应更易进行。

根据式（5 - 10）（见 5.7.1.2 节），用图 5 - 18（a）低频区的数据作 $Z_{re} - \omega^{-0.5}$ 曲线（图 c），其斜率为 Warburg 阻抗系数（σ_w），由 σ_w 和式（5 - 11）计算得到的锂离子扩散系数（D）列于表 5 - 13。结果表明，随着掺 Al^{3+}量的升高，锂离子扩散系数先增大后减小。影响离子扩散系数的主要因素有：扩散基质的晶体结构、离子与基质间的相互作用能、结构中的空位浓度（若为空位扩散机制）。一方面，随着 y 增大，LiFePO$_4$ 的晶胞常数 b 先减小后增大，而在充放电过程中 Li$^+$ 是沿 LiFePO$_4$ 晶格的 b 轴移动[277, 278]，b 减小有利于 Li$^+$ 的扩散；随着 y 增大（$y \geqslant$ 0.02），LiFePO$_4$ 晶格中 Li 空位的浓度增加，减小了 Li$^+$ 扩散的阻力，有利于其扩散。另一方面，随着掺杂量的升高，占据在 Li 位的 Al^{3+} 越来越多，Al^{3+} 会阻碍 Li$^+$ 的扩散。当 y 由 0 增大到 0.01 时，由于没有 Al^{3+} 占据 Li 位，也没有 Li 空位产生，因此仅是 b 轴减小导致 D 增大；而当 $y > 0.01$ 时，b 轴增大以及 Al^{3+} 占据 Li 位对 Li$^+$ 扩散的阻碍大于空位浓度增加对 Li$^+$ 扩散的影响，因此 D 减小。

5.7.3　Li$_{0.92+4z}$Ti$_{0.02-z}$Fe$_{1-3z/2}$Al$_z$PO$_4$电极的动力学研究

5.7.3.1　循环伏安分析

图 5 - 19 所示为 Li$_{0.92+4z}$Ti$_{0.02-z}$Fe$_{1-3z/2}$Al$_z$PO$_4$样品的循环伏安曲线。各样品均有且仅有一对氧化还原峰，氧化峰和还原峰分别在 3.5 V 和 3.4 V 附近。从标出的电势数值可以看出，除了 $z = 0$ 的样品（即单掺 Ti^{4+}，$x = 0.02$）氧化还原峰之间的电势差为 0.168 V 之外，其他样品的电势差均在 0.21 V 左右。因此，当总掺杂量一定时，LiFePO$_4$电极极化和电极反应的可逆性受 Al/Ti 比的影响不大。

5.7.3.2　交流阻抗分析

图 5 - 20 为 Li$_{0.92+4z}$Ti$_{0.02-z}$Fe$_{1-3z/2}$Al$_z$PO$_4$的 EIS 图谱、$Z' - \omega^{-0.5}$曲线和模拟电路图。与 Ti、Al 单掺杂样品一样，双掺杂样品的 EIS 图谱均由一个半圆和一条斜线组成。用图 5 - 20（d）所示的等效电路对 EIS 曲线进行了模拟，电路中各元件代表的含义见 5.7.1.2。模拟得到的阻抗参数 R_s 和 R_{ct}，以及由式（5 - 9）计算得到的交换电流密度（i^0）列于表 5 - 14。

本研究在保持 Li$_{0.92+4z}$Ti$_{0.02-z}$Fe$_{1-3z/2}$Al$_z$PO$_4$电极的表面特性、反应物与产物浓度一致（相同电位）的情况下，研究了材料的结构（Ti - Al 掺杂）对 LiFePO$_4$交换电流密度的影响。由表 5 - 14 可知，在总掺杂量一定（c，2%）的情况下，Ti - Al 双掺杂样品（$z = 0.005$、0.01 和 0.015）的交换电流密度（i^0）与单掺杂样品（$z = 0$ 和 0.02）相差不大，说明双掺杂和单掺杂对交换电流密度的影响没有明显区别。

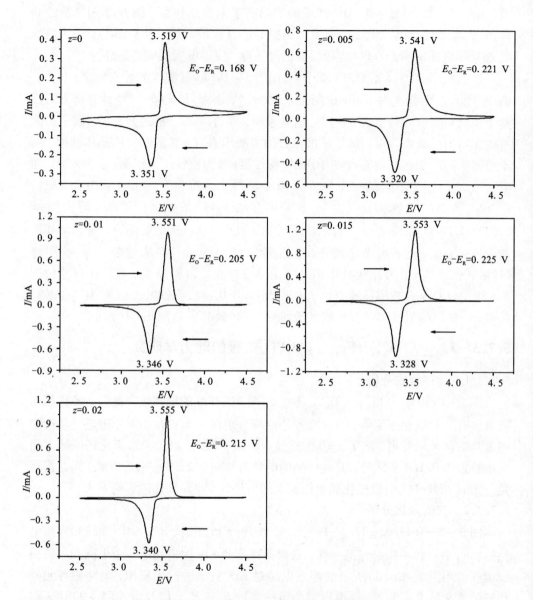

图 5 – 19 $Li_{0.92+4z}Ti_{0.02-z}Fe_{1-3z/2}Al_zPO_4$ 的循环伏安图谱(扫描速率 0.1 mV/s, 2.5 ~ 4.5 V)

　　根据式(5 – 10),用图 5 – 20(a)低频区的数据作 $Z_{re} - \omega^{-0.5}$ 曲线(图 c),其斜率为 Warburg 阻抗系数(σ_w),由 σ_w 和式(5 – 11)计算得到的锂离子扩散系数(D)列于表 5 – 14。结果表明,在 Ti – Al 总掺杂量一定(c, 2%)的情况下,各样品的锂离子扩散系数很接近,处于一个数量级,这是晶胞常数 b、Li 空位浓度和掺杂

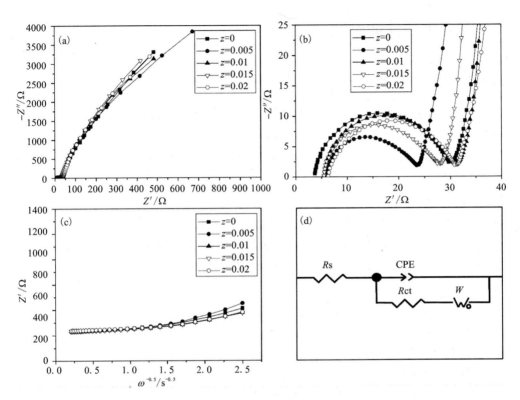

图 5 – 20　Li$_{0.92+4z}$Ti$_{0.02-z}$Fe$_{1-3z/2}$Al$_z$PO$_4$的(a) EIS 图谱, (b) EIS 放大图, (c) $Z' - \omega^{-0.5}$曲线和(d)模拟电路图(测试条件: 充电态约 4.0 V, 0.01 ~ 100 kHz, 振幅 5 mV)

离子占据 Li 位对锂离子扩散共同作用的结果(详见 5.7.1.2)。

表 5 – 14　Li$_{0.92+4z}$Ti$_{0.02-z}$Fe$_{1-3z/2}$Al$_z$PO$_4$的阻抗参数、锂离子扩散系数及交换电流密度

样品	R_s/Ω	R_{ct}/Ω	$\sigma_w/(\Omega \cdot cm^2 \cdot s^{-0.5})$	$D/(cm^2 \cdot s^{-1})$	$i^0/(mA \cdot cm^{-2})$
$z = 0$	3.67	25.9	64.27	3.62×10^{-12}	9.91×10^{-4}
$z = 0.005$	5.97	17.4	79.79	2.35×10^{-12}	1.48×10^{-3}
$z = 0.01$	5.49	25.1	50.48	5.86×10^{-12}	1.02×10^{-3}
$z = 0.015$	5.50	21.9	52.25	5.47×10^{-12}	1.17×10^{-3}
$z = 0.02$	6.28	24.5	51.50	5.63×10^{-12}	1.04×10^{-3}

注: R_s 为溶液阻抗, R_{ct} 为电荷转移阻抗, σ_w 为 Warburg 阻抗系数, D 为锂离子扩散系数, i^0 为交换电流密度。

5.8 电化学性能研究

5.8.1 $Li_{1-4x}Ti_xFePO_4$ 的电化学性能

图 5-21 所示为 $Li_{1-4x}Ti_xFePO_4$ 样品在不同倍率下的首次充放电曲线。由图可知，$x=0$、0.01、0.02、0.03 和 0.05 的样品在 0.1C 倍率下的首次放电比容量分别为 165.0 mA·h/g、162.2 mA·h/g、154.1 mA·h/g、145.8 mA·h/g 和 141.2 mA·h/g，在 0.5C 倍率下的首次放电比容量分别为 152.0 mA·h/g、154.6 mA·h/g、148.4 mA·h/g、140.2 mA·h/g 和 132.5 mA·h/g。随着掺杂 Ti^{4+} 量的升高，$Li_{1-4x}Ti_xFePO_4$ 样品在低倍率下的放电比容量降低，这是由于掺 Ti^{4+} 量升高导致 Li 位空穴浓度升高，从而导致可供脱/嵌的 Li^+ 减少引起的；在掺杂量很高（5%）时，杂相（$Li_4P_2O_7$）的产生也会导致容量降低。但是，在大倍率充放电时，掺杂样品的放电容量明显高于未掺杂样品，$x=0$、0.01、0.02、0.03 和 0.05 的样品在 1C 倍率下的首次放电比容量分别为 126.4 mA·h/g、147.4 mA·h/g、140.2 mA·h/g、132.8 mA·h/g 和 121.9 mA·h/g，在 2C 倍率下的首次放电比容量分别为 96.2 mA·h/g、136.1 mA·h/g、130.0 mA·h/g、124.5 mA·h/g 和 114.7 mA·h/g，其中 $Li_{0.96}Ti_{0.01}FePO_4$ 在 1C 和 2C 下的首次放电比容量最高。此外，掺杂样品在高倍率下的电压极化明显小于未掺杂样品。

根据前面的分析，Ti^{4+} 掺杂能显著改善 $LiFePO_4$ 在大倍率下的充放电性能是因为：①Ti^{4+} 掺杂导致 Fe^{3+}/Fe^{2+} 混合电对的形成，提高了 $LiFePO_4$ 的导电性；②Ti^{4+} 掺杂可以有效地抑制 $LiFePO_4$ 颗粒的团聚，使材料细化，从而有利于 $LiFePO_4$ 容量的发挥；③Ti^{4+} 掺杂能大幅度提高 $LiFePO_4$ 电极表面以及电极材料中的电荷传递速率，能大大提高 $LiFePO_4$ 电极体系的交换电流密度和锂离子扩散系数。

图 5-22 所示为 $Li_{1-4x}Ti_xFePO_4$ 样品在 1C 和 2C 倍率下的循环性能。由图可知，各样品的放电容量随室温的变化而波动，某些样品在初始几次循环容量升高，这是由于活性物质在充放电过程中逐渐活化引起的。$x=0$、0.01、0.02、0.03 和 0.05 的样品在 1C 倍率下循环 100 次后的放电比容量分别为 105.7 mA·h/g、133.9 mA·h/g、137.9 mA·h/g、130.4 mA·h/g 和 110.2 mA·h/g，分别保持了初始比容量的 83.6%、90.8%、98.4%、98.2% 和 90.4%；在 2C 倍率下循环 100 次后的放电比容量分别为 76.4 mA·h/g、119.9 mA·h/g、127.2 mA·h/g、122.1 mA·h/g 和 104.7 mA·h/g，分别保持了初始比容量的 79.4%、88.1%、97.8%、98.1% 和 91.3%。可见 Ti^{4+} 掺杂显著地改善了 $LiFePO_4$ 在大电流放电时的循环性能，且当掺杂量 $x=0.02$ 和 0.03 时循环性能最好。

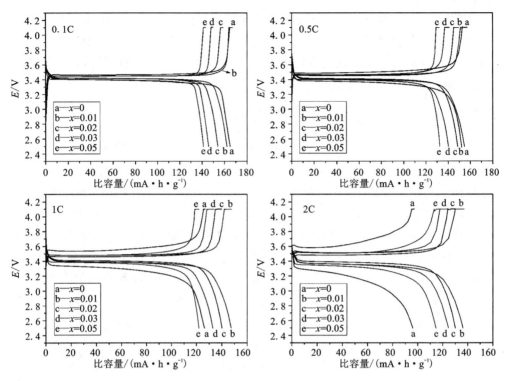

图 5 – 21　Li₁₋₄ₓTiₓFePO₄ 在不同倍率下的首次充放电曲线

（测试条件：室温；恒流充至 4.1 V，恒压充至充电电流的 1/10，

恒流放至 2.5 V；0.5 ~ 2C 测试前先在 0.1C 下活化 3 个循环）

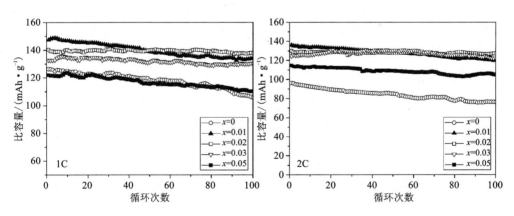

图 5 – 22　Li₁₋₄ₓTiₓFePO₄ 在 1C 和 2C 倍率下的循环性能

（测试条件：室温；恒流充至 4.1 V，恒压充至充电电流的 1/10，

恒流放至 2.5 V；测试前先在 0.1C 下活化 3 个循环）

综上所述，虽然 Ti^{4+} 掺杂降低了 $LiFePO_4$ 在低倍率(0.1C 和 0.5C)下的放电比容量，但极大地改善了它在大倍率下的电化学性能，在较高倍率(1C 和 2C)下，$x=0.01$ 的样品拥有最高的放电比容量，而 $x=0.02$ 和 0.03 的样品具有最优异的循环性能，综合来讲，掺 Ti^{4+} 量 $x=0.02$ 的 $LiFePO_4$ 综合性能最优。

5.8.2 $LiFe_{1-3y/2}Al_yPO_4$ 的电化学性能

图 5-23 为 $LiFe_{1-3y/2}Al_yPO_4$ 样品在不同倍率下的首次充放电曲线。从图可知，$y=0$、0.01、0.02、0.03 和 0.05 的样品在 0.1C 倍率下的首次放电比容量分别为 165.0 mA·h/g、162.4 mA·h/g、157.7 mA·h/g、153.0 mA·h/g 和 145.8 mA·h/g，在 0.5C 倍率下的首次放电比容量分别为 152.0 mA·h/g、157.1 mA·h/g、153.0 mA·h/g、144.4 mA·h/g 和 138.0 mA·h/g。$y=0.01$ 的样品与未掺杂样品在低倍率下的比容量相当，而当 $y \geqslant 0.01$ 时，随着掺 Al^{3+} 量的升高，$LiFe_{1-3y/2}Al_yPO_4$ 在低倍率下的放电比容量降低，这是由于掺杂量升高使得 Li 位产生空穴，从而导致可供脱/嵌的 Li^+ 减少引起的。但是，在大倍率充放电时，掺杂样品的放电比容量明显高于未掺杂样品，$y=0$、0.01、0.02、0.03 和 0.05 的样品在 1C 倍率下的首次放电比容量分别为 126.4 mA·h/g、152.2 mA·h/g、147.8 mA·h/g、138.4 mA·h/g 和 130.1 mA·h/g，在 2C 倍率下的首次放电比容量分别为 96.2 mA·h/g、142.0 mA·h/g、140.4 mA·h/g、132.1 mA·h/g 和 112.6 mA·h/g；其中 $LiFe_{0.985}Al_{0.01}PO_4$ 在 1C 和 2C 下的首次放电比容量最高。此外，所有样品在低倍率下的电压极化相差不大，但在高倍率下，掺杂样品的电压极化明显小于未掺杂样品。根据前面的分析，Al^{3+} 掺杂能显著改善 $LiFePO_4$ 在大倍率下的充放电性能是因为：①Al^{3+} 掺杂在 Li 位能导致 Fe^{3+}/Fe^{2+} 混合电对的形成，掺杂在 Fe 位则能抑制单相 $FePO_4$ 的形成，二者都有利于 $LiFePO_4$ 导电性的提高；②适量 Al^{3+} 掺杂($0.01 \leqslant y \leqslant 0.02$)能有效抑制 $LiFePO_4$ 颗粒的团聚，使材料细化，从而有利于其容量的发挥；③Al^{3+} 掺杂能大幅度提高 $LiFePO_4$ 电极表面以及电极材料中的电荷传递速率，能大大提高 $LiFePO_4$ 电极体系的交换电流密度和 Li^+ 扩散系数。

图 5-24 为 $LiFe_{1-3y/2}Al_yPO_4$ 样品在 1C 和 2C 倍率下的循环性能。由图可知，各样品的放电比容量随室温的变化而波动。$y=0$、0.01、0.02、0.03 和 0.05 的样品在 1C 倍率下循环 100 次后的放电比容量分别为 105.7 mA·h/g、149.7 mA·h/g、149.5 mA·h/g、132.6 mA·h/g 和 123.5 mA·h/g，相对于首次比容量的保持率分别为 83.6%、98.4%、101.1%、95.8% 和 94.9%；在 2C 倍率下循环 100 次后的放电比容量分别为 76.4 mA·h/g、139.6 mA·h/g、135.7 mA·h/g、126.5 mA·h/g 和 105.0 mA·h/g，相对于首次比容量的保持率分别为 79.4%、

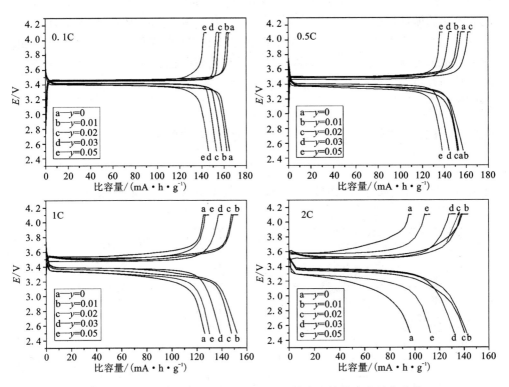

图 5 - 23　LiFe₁₋₃y/₂AlᵧPO₄ 在 1C 和 2C 倍率下的首次充放电曲线

（测试条件：室温；恒流充至 4.1 V，恒压充至充电电流的 1/10，

恒流放至 2.5 V；0.5 ~ 2C 测试前先在 0.1C 下活化 3 个循环）

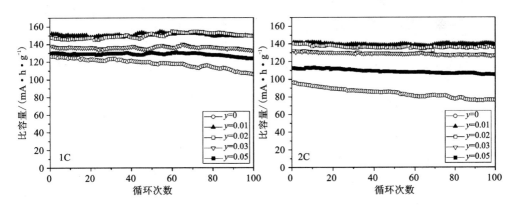

图 5 - 24　LiFe₁₋₃y/₂AlᵧPO₄ 在 1C 和 2C 倍率下的循环性能

（测试条件：室温；恒流充至 4.1 V，恒压充至充电电流的 1/10，

恒流放至 2.5 V；测试前先在 0.1C 下活化 3 个循环）

98.3%、96.7%、95.8%和93.3%。可见 Al^{3+} 掺杂显著地改善了 $LiFePO_4$ 在大电流放电时的循环性能，且当掺 Al^{3+} 量为 $y=0.01$ 和 0.02 时的循环性能最好。

综上所述，适量 Al^{3+} 掺杂极大地改善了 $LiFePO_4$ 在大倍率下的电化学性能，在 1C 和 2C 倍率下，$y=0.01$ 的样品拥有最高的放电比容量，而 $y=0.01$ 和 0.02 的样品的具有最优异的循环性能，综合来讲，掺 Al^{3+} 量为 $y=0.01$ 的 $LiFePO_4$ 综合性能最优。

5.8.3 $Li_{0.92+4z}Ti_{0.02-z}Fe_{1-3z/2}Al_zPO_4$ 的电化学性能

图 5 − 25 和图 5 − 26 分别为 $Li_{0.92+4z}Ti_{0.02-z}Fe_{1-3z/2}Al_zPO_4$ 在不同倍率下的首次充放电曲线(内嵌局部放大图)和在 1C、2C 倍率下的循环性能曲线。

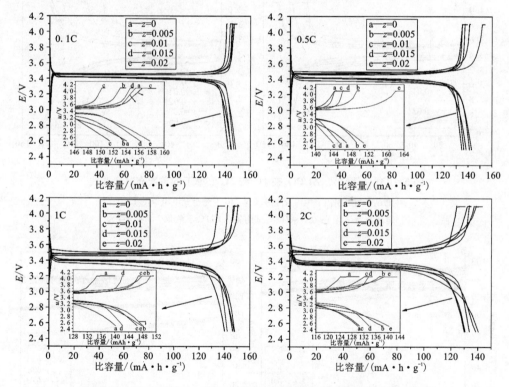

图 5 − 25 $Li_{0.92+4z}Ti_{0.02-z}Fe_{1-3z/2}Al_zPO_4$ 在各倍率下的首次充放电曲线

(测试条件：室温；恒流充至 4.1 V，恒压充至充电电流的 1/10，

恒流放至 2.5 V；0.5～2C 测试前先在 0.1C 下活化 3 个循环)

结果表明，双掺杂样品($z=0.005$、0.01 和 0.015)和单掺杂样品($z=0$ 和 0.02)在各倍率下的充放电比容量均相差不大，且随着 z 增大，各样品的比容量变

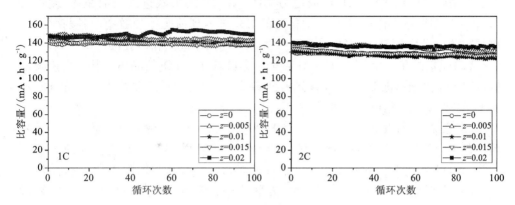

图 5－26　$Li_{0.92+4z}Ti_{0.02-z}Fe_{1-3z/2}Al_zPO_4$在 1C 和 2C 倍率下的循环性能

(测试条件：室温；恒流充至 4.1 V，恒压充至充电电流的 1/10，

恒流放至 2.5 V；测试前先在 0.1C 下活化 3 个循环)

化无明显规律。各样品均表现出优异的电化学性能，如 $z = 0$、0.005、0.01、0.015 和 0.02 的样品在 1C 倍率下的首次放电比容量分别为 140.2 mA·h/g、148.1 mA·h/g、146.5 mA·h/g、142.3 mA·h/g 和 147.8 mA·h/g，循环 100次后的放电比容量分别为 137.9 mA·h/g、142.5 mA·h/g、141.0 mA·h/g、138.9 mA·h/g 和 149.5 mA·h/g，比容量保持率高达 98.4%、96.2%、96.2%、97.6 和 101.1%；在 2C 倍率下的首次放电比容量分别为 130.0 mA·h/g、138.4 mA·h/g、130.6 mA·h/g、133.8 mA·h/g 和 140.4 mA·h/g，循环 100次后的放电比容量分别为 127.2 mA·h/g、130.5 mA·h/g、122.8 mA·h/g、126.3 mA·h/g 和 135.7 mA·h/g，比容量保持率达 97.8%、94.3%、94.0%、94.4% 和 96.7%。根据前面的分析，$Ti^{4+}-Al^{3+}$ 双掺杂样品和单掺杂样品拥有同样优异的电化学性能，其主要原因在于：①$Ti^{4+}-Al^{3+}$ 掺杂导致 Fe^{3+}/Fe^{2+} 混合电对的形成，提高了 LiFePO₄的导电性；②少量 $Ti^{4+}-Al^{3+}$ 掺杂可有效抑制 LiFePO₄颗粒的团聚，使材料细化；③$Ti^{4+}-Al^{3+}$ 掺杂能大幅度提高 LiFePO₄电极表面以及电极材料中的电荷传递速率，大大提高了 LiFePO₄电极体系的交换电流密度和锂离子扩散系数。

综上所述，$Ti^{4+}-Al^{3+}$ 双掺杂样品和 Ti^{4+}、Al^{3+} 单掺杂样品拥有同样优异的电化学性能，在总掺杂量一定(c，2%)的情况下，LiFePO₄的电化学性能随 $n_{Al}:n_{Ti}$比的变化不大。

5.9　小结

(1)用磷酸盐共沉淀法制备了掺 Ti、Al 和 Ti－Al 的 FePO₄·2H₂O。研究表明，Ti 是以水解物 $TiO(OH)_2$（或记为 $TiO \cdot xH_2O$）的形式进入到前驱体颗粒中，而 Al 是以磷酸盐（记为 $AlPO_4 \cdot xH_2O$）的形式进入到前驱体颗粒中。各前驱体一次颗粒的粒径均为 100~300 nm，且一次颗粒均团聚成疏松多孔的二次颗粒。

（2）适量的 Ti、Al 以及 Ti－Al 掺杂不会破坏 $LiFePO_4$ 的晶体结构，当掺杂量较低时，Ti 优先占据 Li 位，Al 优先占据 Fe 位；当掺杂量较高时，Ti、Al 均同时占据 Li 位和 Fe 位，且可能产生杂相。

（3）随着掺 Ti 量的升高，$Li_{1-4x}Ti_xFePO_4$（$0 \leqslant x \leqslant 0.05$）的晶胞常数 a、b、c，晶胞体积 V 以及微晶尺寸 D_{311} 逐渐减小；随着掺 Al 量的升高，$LiFe_{1-3y/2}Al_yPO_4$（$0 \leqslant y \leqslant 0.05$）的晶胞常数 a 逐渐减小，而晶胞常数 b、c，晶胞体积 V 以及微晶尺寸 D_{311} 先减小后增大；当 Ti－Al 总掺杂量一定，但 Al/Ti 比变化时，共掺杂对 $LiFePO_4$ 结构的影响规律与它们单掺杂时相似。

（4）Ti、Al 单掺杂和 Ti－Al 双掺杂的 $LiFePO_4$ 样品都同时存在细小的一次颗粒和由一次颗粒团聚而成的二次颗粒。少量 Ti 掺杂能抑制 $LiFePO_4$ 颗粒的团聚；少量 Al^{3+} 掺杂也能有效抑制 $LiFePO_4$ 一次颗粒的团聚，然而 Al^{3+} 掺杂量过高反而促使其团聚，而且也使一次颗粒增大；而对于双掺杂样品，在总掺杂量一定的情况下，$LiFePO_4$ 的形貌受 $n_{Al} : n_{Ti}$ 比的影响不大。

（5）Ti、Al 和 Ti－Al 掺杂的 $LiFePO_4$ 样品的晶粒均为 0.1~1 μm，晶粒表面都均匀地包覆着一层几纳米厚的无定形碳膜，且晶粒之间有纳米碳网相连；各样品的晶格清晰，结晶良好，但晶格中均存在缺陷，这些缺陷是由于 Ti、Al 或 Ti－Al 掺杂引起的。

（6）Ti、Al 单掺杂时，随着掺杂量的升高，$LiFePO_4$ 的锂离子扩散系数和交换电流密度均先增大后减小，最大可提高两个数量级。但总掺杂量一定而 $n_{Ti} : n_{Al}$ 比变化时，共掺杂样品的锂离子扩散系数、交换电流密度、电化学性能均无明显差异。

（7）适量的 Ti、Al 及 Ti－Al 掺杂能提极大地改善 $LiFePO_4$ 的电化学性能。Ti 掺杂的样品中，$Li_{0.92}Ti_{0.02}FePO_4$ 的电化学综合性能最优；而 Al 掺杂的样品则是 $LiFe_{0.985}Al_{0.01}PO_4$ 的电化学综合性能最优；Ti－Al 双掺杂样品和单掺杂样品拥有同样优异的电化学性能，但在总掺杂量一定（c, 2%）的情况下，双掺杂样品的电化学性能随 $n_{Al} : n_{Ti}$ 比的变化不大。

第 6 章　钛白副产硫酸亚铁定向净化制备 LiFePO₄ 及其前驱体的研究

6.1　引言

二氧化钛俗称钛白粉，是一种重要的化工产品，是全世界公认的性能最好的白色颜料。它被广泛应用于涂料、造纸、搪瓷、塑料、化纤和橡胶等领域，是仅次于合成氨和磷酸的全球第三大无机化工产品。随着世界经济的发展和人类科技的进步，钛白粉的应用领域越来越广阔，市场需求也越来越大。目前世界上开采的钛矿石(钛铁矿约占 93%)约有 90% 用于生产钛白粉[52]。钛白粉的生产方法主要有硫酸法和氯化法，由于氯化法的技术难度大，目前我国大多数厂家仍采用硫酸法。然而，硫酸法每生产 1 t 钛白粉产生 3~4 t 硫酸亚铁废渣(俗称绿矾)[55,58]，这种废渣由于含有大量的 Mg、Mn、Al、Ca、Ti 等杂质，难以直接利用，若长期堆放必将对环境造成严重污染，同时也浪费了大量的资源。目前，人们主要利用硫酸亚铁废渣制备聚合硫酸铁[95,96]、颜料氧化铁[97-102]和磁性氧化铁[103-105]等产品。但是，这些工艺均包含复杂的除杂工序，成本高，且产品的附加值较低。如中国专利 02148428.7[97]和 02148429.5[98]公开的用钛白废副硫酸亚铁生产氧化铁红和氧化铁黄颜料的方法，都需要在制备产品前用中温铁皮还原控制水解，絮凝、沉降分离精制硫酸亚铁。中国专利 00113589.9[103]公开的用钛白副产硫酸亚铁生产高纯磁性氧化铁的方法，先冷冻结晶除去部分杂质，然后再溶解后又用硫酸铁皮水解法进一步除杂，铁的回收率仅 50% 左右，该方法包含两步除杂工序，工艺复杂，铁的损失率高，没有充分地利用资源。中国专利 200610018642.X[105]公开的用钛白副产硫酸亚铁制备软磁用高纯氧化铁的方法，为了使锰、镁与铁得到分离，该法先将绿矾净化除杂，后用两步中和与氧化，流程复杂。因此，对于钛白副产硫酸亚铁而言，开辟一条新的利用途径势在必行。

在第 4 章中，利用钛铁矿浸出液制备了电化学性能优异的 LiFePO₄ 正极材料，由于钛白副产硫酸亚铁与钛铁矿浸出液所含的杂质元素种类相似，均含有 Mg、Mn、Al、Ca、Ti 等，而且后者的杂质含量还高于前者(对比表 4-4 和表 6-1)，因此本章考虑用同样的方法来综合利用硫酸亚铁废渣，即用磷酸根作沉淀剂，从硫酸亚铁废渣直接制备含少量杂质的 FePO₄·xH₂O，然后合成高性能锂离子电池正极材料 LiFePO$_4$。该方法不仅能简单有效的处理大量硫酸亚铁废渣,而且还为锂离子电池正极材料磷酸铁锂的生产提供了优质的铁源。

6.2 实验

6.2.1 实验原料

以某钛白生产企业的硫酸亚铁废渣为原料,其名义化学组成见表6-1。实验所用的其他原料及试剂同第4章4.2.1(表4-1)。

表6-1 钛白副产硫酸亚废渣的化学组成

成分	含量/%	成分	含量/%
FeSO$_4$·7H$_2$O	88.52	CaSO$_4$·2H$_2$O	0.18
MgSO$_4$·7H$_2$O	6.04	TiOSO$_4$	0.52
MnSO$_4$·5H$_2$O	0.35	水不溶物	3.83
Al$_2$(SO$_4$)$_3$·18H$_2$O	0.28	其他杂质	0.28

注:其他杂质是指 V、Cr、Si 等微量元素。

6.2.2 实验设备

实验设备同第3章3.3.2。

6.2.3 实验流程

前驱体的制备:将硫酸亚铁废渣溶于去离子水中,过滤,将滤液稀释至 Fe 的浓度为 0.25 mol/L。按 $n_P:n_{Fe}=1:1$(由于废渣中 Al 的含量很少,因此本实验的 $n_P:n_{Fe}$ 不采用 1.1:1)将 H$_3$PO$_4$ 加入到 FeSO$_4$ 溶液中,然后在强烈搅拌下加入足量的 H$_2$O$_2$,使得全部 Fe(Ⅱ)氧化成 Fe(Ⅲ),用 NH$_3$·H$_2$O 调节 pH 至 2.0~2.1,反应 20 min 后,将得到的乳白色(或乳白偏黄)沉淀用去离子水洗涤、过滤三次,然后于 100℃ 下干燥 12 h 即得 LiFePO$_4$ 的前驱体——多元金属掺杂的 FePO$_4$·2H$_2$O。

LiFePO$_4$ 的制备:按 $n_{Li}:n_{Fe}:n_C=1:1:1.8$ 称取一定量的 Li$_2$CO$_3$、前驱体和乙二酸,以乙醇为介质,在常温下球磨 4 h 后得到浅绿色无定形前驱混合物,将混合物于 80℃ 烘干后置入程序控温管式炉,在高纯氩的保护下于 600℃ 煅烧 12 h,随炉冷却即得橄榄石型多元金属共掺杂的 LiFePO$_4$。

6.2.4　元素定量分析

采用德国 ELTER 公司生产的 CS800 红外碳/硫分析仪对样品中的 C 元素和 S 元素的含量进行测定。其他元素的分析方法同 4.2.4。

6.2.5　物相及结构分析

用 XRD 及 Rietveld 全谱拟合法研究样品的物相及结构，方法同 4.2.5。

6.2.6　形貌及元素分布

用 SEM 分析样品的形貌，用 EDS 表征元素的分布，方法同 4.2.6 和 4.2.7。

6.2.7　电化学测试

电池的组装、电化学性能测试、循环伏安和交流阻抗测试的方法同 4.2.10。

6.3　选择性沉淀制备 FePO₄·2H₂O

6.3.1　元素分析

表 6-2 为原料(硫酸亚铁废渣溶液)和产物($FePO_4 \cdot xH_2O$)中各金属元素的物质的量比。结果表明，原料中的 Mg 和 Mn 没有进入沉淀，但有少量的 Al 和 100% 的 Ti 进入沉淀，这与第 4 章中氯盐体系的结果一致；但是，有少量的 Ca 也进入沉淀，这可能是由于 $CaSO_4$ 是微溶性物质，有少量细小的 $CaSO_4$ 颗粒吸附在 $FePO_4 \cdot xH_2O$ 颗粒中造成的。根据第 5 章的研究结果，少量的 Al、Ti 掺杂可极大地提高 LiFePO₄ 的电化学性能。而 Ca 掺杂对 LiFePO₄ 的作用至今鲜见报道，仅有 Yan 等[279] 提出少量的 Ca 掺杂(c, 1%)有益于 LiFePO₄ 的性能，但并未作出明确解释。研究认为，由于 Ca^{2+} 的半径(1.00 Å)远大于 Li^+(0.76 Å)和 Fe^{2+}(0.78 Å)的半径，因此应该不适合用于 LiFePO₄ 的掺杂。但是，该实验制备的 $FePO_4 \cdot xH_2O$ 中仅含有微量的 Ca，因此不会对 LiFePO₄ 的电化学性能产生较大影响，这将在下文中得以体现。

表 6-2　$FeSO_4 \cdot 7H_2O$ 废渣和 $FePO_4 \cdot xH_2O$ 中 Fe、Mg、Mn、Al、Ca 和 Ti 的物质的量比

样品	Fe	Mg	Mn	Al	Ca	Ti
$FeSO_4 \cdot 7H_2O$ 废渣	100	7.70	0.46	0.26	0.33	1.02
$FePO_4 \cdot xH_2O$	100	约 0	约 0	0.045	0.027	1.02

另外，元素分析表明 $FePO_4 \cdot xH_2O$ 中的 Fe 含量为28.96%，与 $FePO_4 \cdot 2H_2O$ 的理论 Fe 含量(29.89%)非常接近，因此 $x = 2$。

6.3.2　形貌与表面元素分析

图 6-1(a)、图 6-1(b)分别为从硫酸亚铁废渣制备的 $FePO_4 \cdot 2H_2O$ 的 SEM 图和 EDS 图谱。由图可知，样品为 100~200 nm 的精细颗粒，且粒度均匀，这种纳米级前驱体有利于合成 $LiFePO_4$ 精细粉末。EDS 表明 $FePO_4 \cdot 2H_2O$ 中含有少量的 S 和 Ti，S 元素来源于样品中吸附的硫酸根。由于 EDS 是半定量分析，因此用 C-S 分析仪对样品的 S 含量进行了检测，其含量约 0.8%。EDS 图谱中没有出现 Al 和 Ca 的峰，应该是由于含量太低造成的。

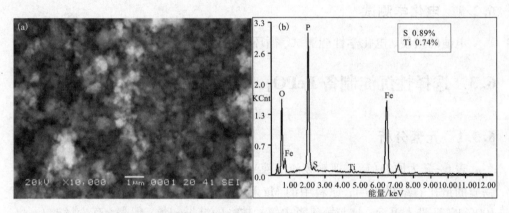

图 6-1　从硫酸亚铁废渣制备的 $FePO_4 \cdot 2H_2O$ 的 SEM 图(a)和 EDS 图谱(b)

6.4　多元金属掺杂 $LiFePO_4$ 的制备与表征

6.4.1　物相与结构研究

图 6-2 为多元金属掺杂 $LiFePO_4$ 的 XRD 数据的 Rietveld 精修图谱，精修所得参数列于表 6-3。由于样品中 Al 和 Ca 的含量很少，因此在精修时忽略其影响，仅考虑 Ti 的掺杂。在精修时，分别按照第 5 章表 5-6 列出的几种占位和缺陷补偿机制进行了假设，最终按照 Ti^{4+} 占据 Li 位和 Li 空穴补偿机制得到了最佳精修结果。

由图 6-2 可知，精修曲线与测试曲线吻合，R_p、R_{wp} 和 R_{exp} 均小于10%，精修结果可靠。结果表明，样品为单一的 $LiFePO_4$ 结构，属于正交晶系，Pnma 空间群。

其晶胞常数 $a = 10.3171(6)$ Å、$b = 6.0009(4)$ Å、$c = 4.6898(3)$ Å 和晶胞体积 V $= 290.3598(4)$ Å³ 均与文献[257]报道的值接近。由占位率可知，Ti^{4+} 占据 Li 位，并且在 Li 位产生空穴进行电荷补偿，其缺陷量可由 Kroger - Vink 符号表示为：$[V'_{Li}] = 3[Ti^{\cdots Li}]$。Li 缺陷的产生可大大提高 LiFePO₄ 的电导率，有利于提高其电化学性能，这与第 5 章(5.4.1)中 Ti^{4+} 单掺杂时的研究结果一致。

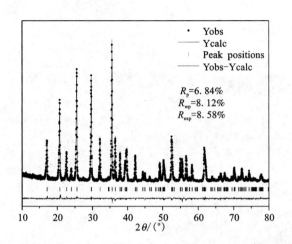

图 6 - 2　多元金属掺杂 LiFePO₄ 的 Rietveld - XRD 精修图谱

表 6 - 3　由 Rietveld 法拟合 XRD 数据得到的原子位置、占位率、空间群和晶胞常数

原子	位置	x	y	z	占位率
Li	4a	0	0	0	0.958(4)
Ti	4a	0	0	0	0.010(4)
Fe	4c	0.2820(3)	0.25	0.9742(5)	1
P	4c	0.0952(5)	0.25	0.4188(6)	1
O1	4c	0.0961(6)	0.25	0.7420(2)	1
O2	4c	0.4562(6)	0.25	0.2054(2)	1
O3	8d	0.1648(8)	0.0484(8)	0.2835(4)	1

注：空间群：Pnma；精修误差：$R_p = 6.84\%$，$R_{wp} = 8.12\%$，$R_{exp} = 8.58\%$。

晶胞常数：$a = 10.3171(6)$ Å，$b = 6.0009(4)$ Å，$c = 4.6898(3)$ Å；晶胞体积：$V = 290.3598(4)$ Å³。

6.4.2　形貌与表面元素分析

图 6 - 3 为多元金属掺杂 LiFePO₄ 的 SEM 图、元素分布图和 EDS 图谱。SEM 图表明样品的一次颗粒粒径为 200 ~ 500 nm，部分一次颗粒团聚成 1 ~ 2 μm 的二

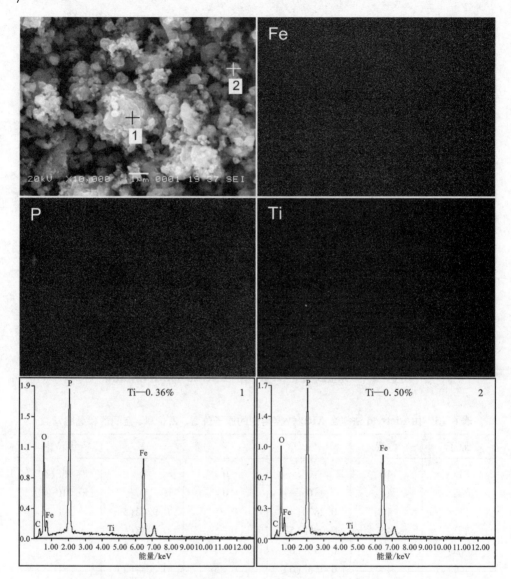

图 6 - 3　多元金属掺杂 LiFePO₄ 的 SEM 图、元素(Fe、P 和 Ti)分布图和 EDS 图谱

次颗粒。EDS 表明样品中含有少量的 Ti(1 区 0.36%, 2 区 0.50%), 且 Ti 在大颗粒和小颗粒中的含量相差不大; 测出的 Ti 含量比 ICP 分析结果低, 这是由于 EDS 是半定量分析, 因此以 ICP 结果为准。另一方面, EDS 没有检测到 S 元素的峰, 说明在煅烧过程中 S 已经脱去。由元素分布图可知, Fe、P 和 Ti 元素均匀地分布在 LiFePO₄ 的颗粒之中。在共沉淀过程中, Ti^{4+} 是伴随着 $FePO_4 \cdot 2H_2O$ 颗粒的生长而均匀地进入其内部, 属于原子级均匀混合, 因此最终的产物掺杂均匀, 比一般固相掺杂的效果要好得多，这将有利于改善 LiFePO$_4$ 的电化学性能。

6.4.3　电极动力学研究

6.4.3.1　循环伏安

图 6 - 4（a）为多元金属掺杂 LiFePO$_4$ 电极的循环伏安曲线。由图可知，各扫描速率下的循环伏安曲线均有且仅有一对氧化/还原峰，分别对应于 LiFePO$_4$ 脱/嵌锂的平台电势。当扫描速率由 0.1 mV/s 增大到 2 mV/s 时，氧化/还原峰仍然具有对称性，说明锂离子在 LiFePO$_4$ 晶格中的脱/嵌具有良好的可逆性。但是，随着扫描速率的升高，氧化峰和还原峰的电位差增大，峰电流也增大。

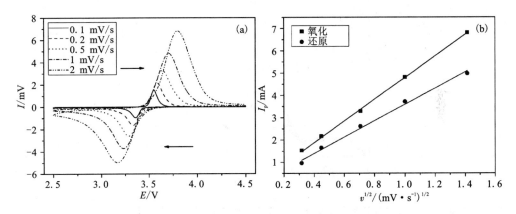

图 6 - 4　多元金属掺杂 LiFePO$_4$ 在不同扫描速率下的循环伏安（a）和 $I_p - v^{1/2}$（b）曲线

图 6 - 4(b) 展示了不同扫描速率下的 $I_p - v^{1/2}$ 图，由图可知 I_p 与 $v^{1/2}$ 呈线性关系，说明 LiFePO$_4$ 电极的电化学反应是受扩散控制的，因此可用式(4 - 14)（第 4章 4.6.4）计算锂离子扩散系数。利用式(4 - 14)计算出的各个峰位的锂离子在液相(电解液)和固相(电极材料)中的扩散系数见表 6 - 4。结果表明锂离子在电解液中的扩散系数在 $10^{-11} \sim 10^{-10}$ 数量级；在电极材料中的扩散系数为 10^{-12} 数量级，比文献[177]报道的值(1.8×10^{-14} cm^2/s)约高出两个数量级。

表 6 - 4　氧化峰和还原峰处对应的锂离子扩散系数

状态	$D_l / (\text{cm}^2 \cdot \text{s}^{-1})$	$D_s / (\text{cm}^2 \cdot \text{s}^{-1})$
充电 (3.5 V)	1.365×10^{-10}	7.571×10^{-12}
放电 (3.4 V)	7.920×10^{-11}	2.752×10^{-12}

6.4.3.2 交流阻抗

图 6-5 为多元金属掺杂的 $LiFePO_4$ 电极在 0.1C 活化 3 次后的交流阻抗图谱。阻抗谱由一个半圆和一条斜线组成,半圆在高频区与实轴的截距为溶液阻抗,半圆的半径代表电荷转移阻抗(R_{ct}),斜线代表锂离子在电极材料中扩散引起的 Warburg 阻抗。由图可知,$LiFePO_4$ 电极的电荷转移阻抗约为 90Ω,与第 4 章中从矿浸出液制备的 $LiFePO_4$ 相当,低于许多文献[187,260-263]报道的值,说明电极具有良好的锂离子迁移特性。

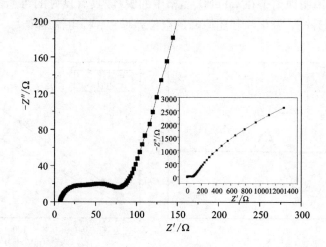

图 6-5 多元金属掺杂 $LiFePO_4$ 的交流阻抗图谱(0.1C 活化 3 次,放电态 2.5 V)

6.4.4 电化学性能研究

图 6-6 所示为多元金属掺杂的 $LiFePO_4$ 在不同倍率下的充放电曲线。从图可知,样品在 0.1C、0.5C、1C、2C 和 5C 倍率(1C = 160 mA/g)下的放电比容量分别为 1612 mA·h/g、1532 mA·h/g、1452 mA·h/g、1342 mA·h/g 和 112 mA·h/g。随着充放电倍率的升高,活性物质的利用率降低,电极的极化增大;从 0.1C 到 2C,样品具有很平的充放电平台,但倍率增大到 5C 时,样品在放电平台部分的容量降低到约 70 mA·h/g,且极化也较大,说明样品在大倍率下的容量还有待提升。

图 6-7 所示为多元金属掺杂的 $LiFePO_4$ 在室温下的循环性能曲线。由图可知,样品的放电容量随着室温而波动,因为 $LiFePO_4$ 的电化学性能受温度影响较大。样品在 0.1C 时的首次放电比容量为 161 mA·h/g,循环 10 次后的容量保持不变;第 11 次循环(0.5C)时的容量为 153 mA·h/g,循环 50 次后的容量为 152.3 mA·h/g,容量保持率 99.5%;第 61 次循环(1C)时的容量为 145 mA·h/g,循

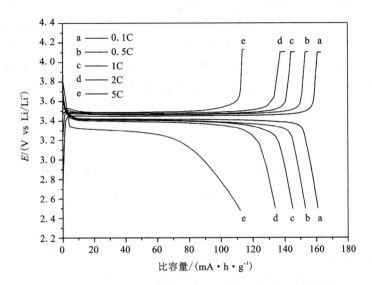

图 6-6　多元金属掺杂的 LiFePO₄ 在不同倍率下的充放电曲线

（测试条件：室温；恒流充至 4.1 V，恒压充至充电电流的 1/10，恒流放至 2.5 V）

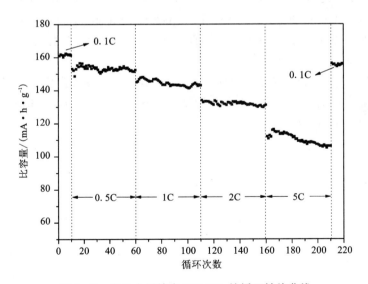

图 6-7　多元金属掺杂 LiFePO₄ 的循环性能曲线

（测试条件：室温；恒流充至 4.1 V，恒压充至充电电流的 1/10，恒流放至 2.5 V；
0.1C 循环 10 次，0.5～5C 依次循环 50 次，0.1C 再循环 10 次）

环50次后的容量为143 mA·h/g，容量保持率98.6%；第111次循环(2C)时的容量为134 mA·h/g，循环50次后的容量为131 mA·h/g，容量保持率97.8%；第161次循环(5C)时的容量为112 mA·h/g，循环50次后的容量为106 mA·h/g，容量保持率94.6%；最后，由5C回到0.1C时的放电容量为156 mA·h/g，比首次循环(161 mA·h/g)稍低。以上数据表明，样品在中低倍率下具有优异的循环性能，在大倍率(5C)下的循环性能也较好，但仍需改进。

6.5　小结

(1)以钛白副产硫酸亚铁废渣为原料，用 H_3PO_4 作沉淀剂，在 pH = 2.0~2.1 的条件下对浸出液中的元素进行了选择性沉淀，得到了含少量 Ti、Al、Ca 和 S 的 $FePO_4 \cdot 2H_2O$。

(2)以上述 $FePO_4 \cdot 2H_2O$ 为原料制备了多元金属(Ti、Al、Ca)掺杂的 $LiFePO_4$，XRD 及 Rietveld 精修结果表明 $LiFePO_4$ 为单一橄榄石相，金属掺杂导致其晶格中产生 Li 空位，有利于提高 $LiFePO_4$ 的电化学性能。

(3) $LiFePO_4$ 的颗粒细小，掺杂元素均匀地分布在 $LiFePO_4$ 颗粒之中；前驱体中的 S 在煅烧过程中被脱去，最终产物 $LiFePO_4$ 中不含 S。

(4)多元金属掺杂的 $LiFePO_4$ 在 0.1C、0.5C、1C、2C 和 5C 倍率下的放电比容量分别为 161 mA·h/g、153 mA·h/g、145 mA·h/g、134 mA·h/g 和 112 mA·h/g，且在中低倍率(0.1~2C)下具有优异的循环性能，在大倍率(5C)下的循环性能也较好，但仍需改进。

(5)本工艺为硫酸法钛白企业产生的大量硫酸亚铁废渣提供了一条新的处理途径。只需通过简单的流程，即可将原来价值很低的废渣变成附加值高的锂离子电池正极材料 $LiFePO_4$。

第7章 结论

本书在对钛铁矿、钛酸锂和磷酸铁锂的研究及应用进展进行详细总结和评述的基础上，论证了钛铁矿资源综合利用的必然趋势，以及利用矿物（或废料）直接制备锂离子电池正负极材料及其前驱体的优点。本书首先利用机械活化—盐酸常压浸出的方法对钛铁矿进行选择性浸出，得到了富钛渣和富铁浸出液。以富钛渣为原料，用配位溶出—控制结晶的方法制备了不同形貌的过氧钛化合物，并以过氧钛化合物为前驱体制备了线状和棒状的纳米级 TiO_2（99.3%）以及性能优异的 $Li_4Ti_5O_{12}$。以富铁浸出液为原料，用选择性沉淀的方法制备了含少量 Al、Ti 的 $FePO_4 \cdot 2H_2O$，并以它为前驱体制备了性能优异的 $LiFePO_4$。对上述过程的机理进行了研究，如机械活化机理、选择性浸出机理、富钛渣配位溶出机理、浸出液选择性沉淀机理等。另外还研究了 Ti、Al 及 Ti–Al 掺杂对 $LiFePO_4$ 的结构及电化学性能的影响，对掺杂机理进行了深入探讨，并对比了 Ti、Al 单掺杂和 Ti–Al 双掺杂的异同。最后，还将选择性沉淀的方法应用于钛白副产硫酸亚铁废渣的回收利用，用其制备了性能优异的 $LiFePO_4$ 正极材料。通过对上述内容的深入研究，得到了如下结论：

（1）通过绘制 $Ti–Fe–H_2O$ 系的 $E–pH$ 图，确定了钛铁矿酸浸的必要条件和浸出方式。计算结果表明若将钛铁矿以 TiO^{2+} 和 Fe^{2+} 的形式浸出，H^+ 的浓度必须高于 4.145 mol/L，即盐酸的浓度约高于 15%。通过计算 Ti(Ⅳ) 在氯盐溶液中各组元的分布系数，发现在高 Cl^- 浓度和低 pH 下，Ti(Ⅳ) 的主要存在形态为 $TiOCl_4^{2-}$。当 $[Cl^-] = 5$ mol/L（15%~20% 盐酸）时，Ti(Ⅳ) 在室温下发生一级水解反应的 pH>4.5，因此，在钛铁矿浸出时，Ti(Ⅳ) 的水解不能在室温下发生，需要靠加热来强化水解反应的进行。

（2）用机械活化—盐酸常压浸出的方法对钛铁矿进行了选择性浸出。研究了机械活化的机理，发现机械活化可以细化钛铁矿的粒径，并增加颗粒表面的粗糙度，增大其比表面积；机械活化可以破坏钛铁矿晶粒的完整性，使晶粒变细，并产生大量晶格缺陷，使得晶格膨胀。上述作用均能强化钛铁矿的浸出。机械活化的效率在最初的 30 min 内最高；从形貌和粒度来考虑，活化效果的极值点出现在 2 h 左右，最佳球料比为 20:1。最优的浸出条件为：盐酸浓度 20%，反应温度 100℃，酸矿比 1.2。在此条件下，Ti 的浸出率仅 1.07%，Si 的浸出率约为 0，而 Fe、Mg、Al、Mn 和 Ca 的浸出率均在 95.5% 以上，最终 Ti 和 Si 留在渣中，其他元素则富集在浸出液中。将上述富钛渣直接煅烧得到了品位 > 90% 的人造金红石，只需造粒(≥ 100 μm)后即可用于氯化法钛白或海绵钛的生产。

(3)利用 Ti^{4+} 与 O_2^{2-} 容易形成配合物的特点，选择了 $Ti(Ⅳ) - H_2O_2 - NH_3$ 体系，将 Ti 从富钛渣中成功浸出。配位浸出的最优条件为：H_2O_2/水解渣的质量比为 6，pH = 9，反应温度 40℃，时间 10 ~ 20 min，H_2O_2 浓度为 10%。在最优条件下 Ti 的浸出率达 98.9%。以配位浸出液为反应物，直接加热制备了颗粒粗大且含少量 Si 的过氧钛化合物。同样以配位浸出液为反应物，在加热前添加适量的 NaOH 模板剂，不仅防止了颗粒团聚，制备了纳米级针球状的过氧钛化合物，而且还成功地将 Si 除去；将该过氧钛化合物在 400 ~ 800℃下煅烧制备了线状和棒状的 TiO_2，其纯度高达 99.3%。将模板剂改为 LiOH，制备了纳米级片状的过氧钛化合物，同时也成功地将 Si 除去。分别以上述三种过氧钛化合物为前驱体制备了锂离子电池负极材料 $Li_4Ti_5O_{12}$，结果表明 $Li_4Ti_5O_{12}$ 的电化学性能与其前驱体的纯度和粒度密切相关。以针球状和片状的过氧钛化合物为前驱体制备的 $Li_4Ti_5O_{12}$ 性能优良，二者在 0.1C 倍率下的首次充电比容量分别达到 158.5 mA·h/g 和 161.6 mA·h/g，在 1C 倍率下的首次充电比容量为 118.2 mA·h/g 和 112.2 mA·h/g，且均具有优异的循环性能。

(4)从理论上计算了钛铁矿浸出液中各元素在磷酸盐体系下的初始沉淀 pH，计算结果表明，在全 Fe 浓度为 0.25 mol/L 时，Fe、Al 和 Ti 产生沉淀的初始 pH 分别为 0.318、0.728 和 0.784，而 Mg、Mn 和 Ca 形成沉淀的初始 pH 均在 3.4 以上。以钛铁矿浸出液为原料，用 H_3PO_4 作沉淀剂，在 pH = 2.0 的条件下对浸出液进行选择性沉淀得到了含少量 Ti 和 Al 的 $FePO_4 \cdot 2H_2O$。以上述前驱体为原料制备了 Ti - Al 共掺杂的单一橄榄石结构的 $LiFePO_4$。研究了沉淀剂用量(即 P/Fe 比)对选择性沉淀过程的影响，结果表明 P/Fe 比升高导致 $FePO_4 \cdot 2H_2O$ 中 Al 的含量升高，但对 Ti 含量无影响，最优的 P/Fe 比为 1.1 左右。研究了浸出液成分的波动对选择性沉淀过程的影响，结果表明，浸出液中 Ti 的含量对产物的性能影响较大，Ti 含量太高会导致 $LiFePO_4$ 容量的降低；综合考虑钛铁矿的浸出和最终产物的性能，用 20% 的盐酸浸出钛铁矿最佳。最优条件下制备出的 Ti - Al 共掺杂 $LiFePO_4$ 在 0.1C、1C、2C 和 5C 倍率下的首次放电比容量为 159 mA·h/g、151.3 mA·h/g、140.1 mA·h/g 和 122.9 mA·h/g，在 1C 和 2C 倍率下循环 100 次后的比容量几乎无衰减，在 5C 倍率下循环 100 次后的比容量保持率为 95.9%。

(5)用磷酸盐共沉淀法制备了掺 Ti、Al 以及 Ti - Al 的 $FePO_4 \cdot 2H_2O$。Ti 是以水解物 $TiO(OH)_2$(或记为 $TiO_2 \cdot xH_2O$)的形式进入到前驱体颗粒中，而 Al 是以磷酸盐(记为 $AlPO_4 \cdot xH_2O$)的形式进入到前驱体颗粒中。适量的 Ti、Al 及 Ti - Al 掺杂不会破坏 $LiFePO_4$ 的晶体结构，当掺杂量较低时，Ti 优先占据 Li 位，Al 优先占据 Fe 位；当掺杂量较高时，Ti、Al 均同时占据 Li 位和 Fe 位，且可能产生杂相。随着掺 Ti 量的升高，$Li_{1-4x}Ti_xFePO_4$（$0 \leqslant x \leqslant 0.05$）的晶胞常数 a、b、c，晶胞体积 V 以及微晶尺寸 D_{311} 逐渐减小；随着掺 Al 量的升高，$LiFe_{1-3y/2}Al_yPO_4$（$0 \leqslant y \leqslant 0.05$）的晶胞常数 a 逐渐减小，而晶胞常数 b、c，晶胞体积 V 以及微晶尺寸 D_{311} 先减小后增大；当 Ti - Al 总掺杂量一定，但 Al/Ti 比变化时，共掺杂对 $LiFePO_4$ 结构的影响规律与它们单掺杂时相似。Ti、Al 单掺杂和 Ti - Al 双掺杂的 $LiFePO_4$ 样品都同时存在细小的一次颗粒和由一次颗粒团聚而成的二次颗粒。少量 Ti 掺杂能抑制 $LiFePO_4$ 颗粒的团聚；少量 Al^{3+} 掺杂也能有效抑制 $LiFePO_4$ 一次颗粒的团聚，然而 Al^{3+} 掺杂量过高反而促使其团聚，而且也使一次颗粒增大；而对于双掺杂样品，在总掺杂量一定的情况下，$LiFePO_4$ 的形貌受 Al/Ti 比的影响不大。Ti、Al 和 Ti - Al 掺杂 $LiFePO_4$ 样品的晶粒均为 $0.1 \sim 1 \ \mu m$，晶粒表面都均匀地包覆着一层几纳米厚的无定形碳膜，且晶粒之间有纳米碳网相连；各样品的晶格清晰，结晶良好，但晶格中均存在缺陷，这些缺陷是由于 Ti、Al 或 Ti - Al 掺杂引起。Ti、Al 单掺杂时，随着掺杂量的升高，$LiFePO_4$ 的锂离子扩散系数和交换电流密度均先增大后减小，最大可提高两个数量级。但总掺杂量一定而 Ti/Al 比变化时，共掺杂样品的锂离子扩散系数和交换电流密度相差不大。适量的 Ti、Al 及 Ti - Al 掺杂能极大地改善 $LiFePO_4$ 的电化学性能。Ti 掺杂的样品中，$Li_{0.92}Ti_{0.02}FePO_4$ 的电化学综合性能最优；而 Al 掺杂的样品则是 $LiFe_{0.985}Al_{0.01}PO_4$ 的电化学综合性能最优；Ti - Al 双掺杂样品和单掺杂样品拥有同样优异的电化学性能，但在总掺杂量一定（c, 2%）的情况下，双掺杂样品的电化学性能随 Al/Ti 比的变化不大。

（6）以钛白副产硫酸亚铁废渣为原料，用 H_3PO_4 作沉淀剂，在 pH = 2.0 ~ 2.1 的条件下选择性沉淀制备了含少量 Ti、Al、Ca 和 S 的 $FePO_4 \cdot 2H_2O$，以该 $FePO_4 \cdot 2H_2O$ 为原料制备了多元金属（Ti、Al、Ca）掺杂的 $LiFePO_4$。EDS 表明 S 在煅烧过程中被脱去，XRD 及 Rietveld 精修结果表明 $LiFePO_4$ 为单一橄榄石相，多元金属掺杂导致其晶格中产生 Li 空位。该 $LiFePO_4$ 在 0.1C、0.5C、1C、2C 和 5C 倍率下的放电比容量分别为 161 mA·h/g、153 mA·h/g、145 mA·h/g、134 mA·h/g 和 112 mA·h/g，且在中低倍率（0.1 ~ 2C）下具有优异的循环性能，在大倍率（5C）下的循环性能较好，但仍需改进。本方法为硫酸法钛白企业产生的大量硫酸亚铁废渣提供了一条新的处理途径。

参考文献

[1] Ohzuku T, Ueda A, Yamamoto N. Zero – strain insertion material of Li [Li$_{1/3}$ Ti$_{5/3}$] O$_4$ for rechargeable lithium cells [J]. J Electrochem Soc, 1995, 142(5): 1431 – 1435.

[2] Zaghib K, Simoneau M, Armand M, et al. Electrochemical study of Li$_4$ Ti$_5$ O$_{12}$ as negative electrode for Li – ion polymer rechargeable batteries [J]. J Power Sources. 1999, 81 – 82: 300 – 305.

[3] Prosini P P, Mancini R, Petrucci L, et al. Li$_4$ Ti$_5$ O$_{12}$ as anode in all – solid – state, plastic, lithium – ion batteries for low – power applications [J]. Solid State Ionics. 2001, 144(1 – 2): 185 – 192.

[4] Nakahara K, Nakajima R, Matsushima T, et al. Preparation of particulate Li$_4$ Ti$_5$ O$_{12}$ having excellent characteristics as an electrode active material for power storage cells [J]. J Power Sources. 2003, 117(1 – 2): 131 – 136.

[5] Hu X, Deng Z, Suo J, et al. A high rate, high capacity and long life (LiMn$_2$O$_4$ + AC)/Li$_4$Ti$_5$ O$_{12}$ hybrid battery – supercapacitor [J]. J Power Sources. 2009, 187(2): 635 – 639.

[6] Padhi A K, Nanjundaswamy K S, Goodenough G B. Phospho – olivines as positive – electrode materials for rechargeable lithium batteries [J]. J Electrochem Soc, 1997, 144 (4): 1188 – 1194.

[7] Prosini P P, Carewska M, Scaccia S, et al. Long – term cyclability of nano – structured LiFePO$_4$ [J]. Electrochim Acta, 2003, 48(28): 4205 – 4211.

[8] Caballero A, Cruz – Yusta M, Morales J, et al. A new and fast synthesis of nanosized LiFePO$_4$ electrode materials [J]. Eur J Inorg Chem, 2006, (9): 1758 – 1764.

[9] Zhu B Q, Li X H, Wang Z X, et al. Novel synthesis of LiFePO$_4$ by aqueous precipitation and carbothermal reduction [J]. Mater Chem Phys, 2006, 98(2 – 3): 373 – 376.

[10] Wang Y, Wang Y, Hosono E, et al. The design of a LiFePO$_4$ – carbon nanocomposite with a core – shell structure and its synthesis by an in situ polymerization restriction method [J]. Angew Chem Int Edit, 2008, 47(39): 7461 – 7465.

[11] Konarova M, Taniguchi I. Synthesis of carbon – coated LiFePO$_4$ nanoparticles with high rate performance in lithium secondary batteries [J]. J Power Sources, 2010, 195 (11): 3661 – 3667.

[12] Wang G X, Bradhurst D H, Dou S X, et al. Spinel Li[Li$_{1/3}$Ti$_{5/3}$]O$_4$ as an anode material for lithium ion batteries [J]. J Power Sources, 1999, 83(1 – 2): 156 – 161.

[13] Allen J L, Jow T R, Wolfenstine J. Low temperature performance of nanophase Li$_4$Ti$_5$O$_{12}$[J]. J Power Sources, 2006, 159(2): 1340 – 1345.

[14] Wolfenstine J, Lee U, Allen J L. Electrical conductivity and rate – capability of $Li_4Ti_5O_{12}$ as a function of heat – treatment atmosphere [J]. J Power Sources. 2006, 154(1): 287 – 289.

[15] Wang G J, Gao J, Fu L J, et al. Preparation and characteristic of carbon – coated $Li_4Ti_5O_{12}$ anode material [J]. J Power Sources, 2007, 174(2): 1109 – 1112.

[16] Gao J, Jiang C, Ying J, et al. Preparation and characterization of high – density spherical $Li_4Ti_5O_{12}$ anode material for lithium secondary batteries [J]. J Power Sources, 2006, 155(2): 364 – 367.

[17] Yan G, Fang H, Zhao H, et al. Ball milling – assisted sol – gel route to $Li_4Ti_5O_{12}$ and its electrochemical properties [J]. J Alloy Compd. 2009, 470(1 – 2): 544 – 547.

[18] Sorensen E M, Barry S J, Jung H K, et al. Three – dimensionally ordered macroporous $Li_4Ti_5O_{12}$: effect of wall structure on electrochemical properties [J]. Chem Mater, 2006, 18: 482 – 489.

[19] Yuan T, Yu X, Cai R, et al. Synthesis of pristine and carbon – coated $Li_4Ti_5O_{12}$ and their low – temperature electrochemical performance [J]. J Power Sources, 2010, 195(15): 4997 – 5004.

[20] Yin S Y, Song L, Wang X Y, et al. Synthesis of spinel $Li_4Ti_5O_{12}$ anode material by a modified rheological phase reaction [J]. Electrochim Acta. 2009, 54(24): 5629 – 5633.

[21] Jiang C, Zhou Y, Honma I, et al. Preparation and rate capability of $Li_4Ti_5O_{12}$ hollow – sphere anode material [J]. J Power Sources, 2007, 166(2): 514 – 518.

[22] Raja M W, Mahanty S, Kundu M, et al. Synthesis of nanocrystalline $Li_4Ti_5O_{12}$ by a novel aqueous combustion technique [J]. J Alloy Compd. 2009, 468(1 – 2): 258 – 262.

[23] Ju S H, Kang Y C. Characteristics of spherical – shaped $Li_4Ti_5O_{12}$ anode powders prepared by spray pyrolysis [J]. J Phys Chem Solids, 2009, 70(1): 40 – 44.

[24] Nishimura S I, Kobayashi G, Ohoyama K, et al. Experimental visualization of lithium diffusion in Li_xFePO_4 [J]. Nat Mater, 2008, 7: 707 – 711.

[25] Shin H C, Park S B, Jang H, et al. Rate performance and structural change of Cr – doped $LiFePO_4$/C during cycling [J]. Electrochim Acta, 2008, 53(27): 7946 – 7951.

[26] Meethong N, Kao Y H, Speakman S A, et al. Aliovalent substitutions in olivine lithium iron phosphate and impact on structure and properties [J]. Adv Funct Mater, 2009, 19(7): 1060 – 1070.

[27] Chung S Y, Bloking J T, Chiang Y M. Electronically conductive phospho – olivines as lithium storage electrodes [J]. Nat Mater, 2002, 1(2): 123 – 128.

[28] HuY, Doeff M M, Kostecki R, et al. Electrochemical performance of sol – gel synthesized $LiFePO_4$ in lithium batteries [J]. J Electrochem Soc, 2004, 151: A1279 – A1285.

[29] Wang Y, Wang J, Yang J, et al. High – rate $LiFePO_4$ electrode material synthesized by a novel route from $FePO_4 \cdot 4H_2O$ [J]. Adv Funct Mater, 2006, 16: 2135 – 2140.

[30] Liu H P, Wang Z X, Li X H, et al. Synthesis and electrochemical properties of olivine $LiFePO_4$ prepared by a carbothermal reduction method [J]. J Power Sources, 2008, 184(2): 469

- 472.

[31] Zhong M E, Zhou Z T. Preparation of high tap – density LiFePO$_4$/C composite cathode materials by carbothermal reduction method using two kinds of Fe^{3+} precursors [J]. Mater Chem Phys, 2010, 119(3): 428 – 431.

[32] Zheng J C, Li X H, Wang Z X, et al. LiFePO$_4$ with enhanced performance synthesized by a novel synthetic route [J]. J Power Sources, 2008, 184: 574 – 577.

[33] Jugovic D, Mitric M, Cvjeticanin N, et al. Synthesis and characterization of LiFePO$_4$/C composite obtained by sonochemical method [J]. Solid State Ionics, 2008, 179(11 – 12): 415 – 419.

[34] Wang Z, Su S, Yu C, et al. Synthesises, characterizations and electrochemical properties of spherical – like LiFePO$_4$ by hydrothermal method [J]. J Power Sources, 2008, 184(2): 633 – 636.

[35] Kuwahara A, Suzuki S, Miyayama M. High – rate properties of LiFePO$_4$/carbon composites as cathode materials for lithium – ion batteries [J]. Ceram Int, 2008, 34(4): 863 – 866.

[36] Yang R, Song X, Zhao M, et al. Characteristics of Li$_{0.98}$Cu$_{0.01}$FePO$_4$ prepared from improved co – precipitation [J]. J Alloy compd, 2009, 468: 365 – 369.

[37] 王志兴, 伍凌, 李新海, 等. LiFePO$_4$的前驱体制备与性能 [J]. 功能材料, 2008, 39(4): 614 – 617.

[38] Konarova M, Taniguchi I. Preparation of carbon coated LiFePO$_4$ by a combination of spray pyrolysis with planetary ball – milling followed by heat treatment and their electrochemical properties [J]. Powder Technol, 2009, 191: 111 – 116.

[39] Yang H, Wu X L, Gao M H, et al. Solvothermal synthesis of LiFePO$_4$ hierarchically dumbbell – like microstructures by nanoplate self – assembly and their application as a cathode material in lithium – ion batteries [J]. J Phys Chem C, 2009, 113: 3345 – 3351.

[40] Liu Z, Zhang X, Hong L. Preparation and electrochemical properties of spherical LiFePO$_4$ and LiFe$_{0.9}$Mg$_{0.1}$PO$_4$ cathode materials for lithium rechargeable batteries [J]. J Appl Electrochem, 2009, 39: 2433 – 2438.

[41] Liu H, Xie J, Wang K. Synthesis and characterization of LiFePO$_4$/(C + Fe$_2$P) composite cathodes [J]. Solid State Ionics, 2008, 179(27 – 32): 1768 – 1771.

[42] Chang Z R, Lv H J, Tang H W, et al. Synthesis and characterization of high – density LiFePO$_4$/C composites as cathode materials for lithium – ion batteries [J]. Electrochim Acta, 2009, 54(20): 4595 – 4599.

[43] Wang B, Qiu Y, Yang L. Structural and electrochemical characterization of LiFePO$_4$ synthesized by an HEDP – based soft – chemistry route [J]. Electrochem Commun, 2006, 8(11): 1801 – 1805.

[44] Ying J, Lei M, Jiang C, et al. Preparation and characterization of high – density spherical Li$_{0.97}$Cr$_{0.01}$FePO$_4$/C cathode material for lithium ion batteries [J]. J Power Sources, 2006, 158: 543 – 549.

[45] 倪江锋, 周恒辉, 陈继涛, 等. 铬离子掺杂对 LiFePO₄ 电化学性能的影响 [J]. 物理化学学报, 2004, 20(6): 582 – 586.

[46] 庄大高, 赵新兵, 谢健, 等. Nb 掺杂 LiFePO₄/C 的一步固相合成及电化学性能 [J]. 物理化学学报, 2006, 22(7): 840 – 844.

[47] Huang S, Wen Z, Gu Z, et al. Preparation and cycling performance of Al^{3+} and F^- co – substituted compounds $Li_4 Al_x Ti_{5-x} F_y O_{12-y}$ [J]. Electrochim Acta, 2005, 50(20): 4057 – 4062.

[48] Reale P, Panero S, Ronci F, et al. Iron – substituted lithium titanium spinels: structural and electrochemical characterization [J]. Chem Mater, 2003, 15: 3437 – 3442.

[49] 远藤大辅, 稻益德雄, 温田敏之, 等. 由含有 Mg 的钛酸锂构成的锂离子电池用活性物质和锂离子电池. 中国专利, 200680009969.9 [P], 20060322.

[50] Yi T F, Shu J, Zhu Y R, et al. High – performance $Li_4 Ti_{5-x} V_x O_{12} (0 \leq x \leq 0.3)$ as an anode material for secondary lithium – ion battery [J]. Electrochim Acta, 2009, 54(28): 7464 – 7470.

[51] 莫畏, 邓国珠, 罗方承. 钛冶金(第 2 版) [M]. 北京: 冶金工业出版社, 1998: 118 – 125.

[52] 杨佳, 李奎, 汤爱涛, 等. 钛铁矿资源综合利用现状与发展 [J]. 材料导报, 2003, 17(8): 44 – 46.

[53] Li C, Liang B, Guo L H, et al. Effect of mechanical activation on the dissolution of Panzhihua ilmenite [J]. Miner.Eng, 2006, 19(14): 1430 – 1438.

[54] Sasikumar C, Rao D S, Srikanth S, et al. Effect of mechanical activation on the kinetics of sulfuric acid leaching of beach sand ilmenite from Orissa, India [J]. Hydrometallurgy, 2004, 75(1 – 4): 189 – 204.

[55] 孙康. 钛提取冶金物理化学 [M]. 北京: 冶金工业出版社, 2001: 7 – 12.

[56] 中国科学院过程工程研究所, 攀枝花市科学技术局. 攀西地区钛资源综合利用技术现状分析与前景展望 [J]. 攀枝花科技与信息, 2006, 31(2): 8 – 10.

[57] 邓捷, 吴立峰, 乔辉, 等. 钛白粉应用手册 [M]. 北京: 化学工业出版社, 2003.

[58] 马慧娟. 钛冶金学 [M]. 北京: 冶金工业出版社, 1982.

[59] Jablonski M. Kinetic model for the reaction of ilmenite with sulphuric acid [J]. J Therm Anal Calorim, 2000, 65(2): 583.

[60] 张强, 张伟, 刘良杰. 浅谈立足我国钛矿资源生产钛白粉的工艺 [J]. 铁合金, 1998, (3): 45.

[61] Natziger R H, Elger G W. Preparation of titanium feedstock from Minnesota ilmenite by smelting and sulfation leaching [D]. US Bureau of Mines, 1987, Report Invest No. 9065.

[62] Balderson G F, MacDonald C A. Method for the production of synthetic rutile. US Patent, 5885324 [P]. 1999.

[63] Kahn J A. Non – rutile feedstocks for the production of titanium [J]. J Met, 1984, 36: 33 – 38.

[64] Becher R G, Canning R G, Goodheart B A, et al. A newprocess for upgrading ilmenite minerals

sands [J]. Proc Australas Inst Min Metall, 1965, 21: 1261 – 1283.

[65] Farrow J B, Ritchie I M. The reaction between reduced ilmenite and oxygen in ammonium chloride solutions [J]. Hydrometallurgy, 1987, 18: 21 –38.

[66] Sinha H N. MURSO process for producing rutile substitute// Jaffe R I, Burte H M (Eds.), Titanium Science and Technology [M]. New York – London: Plenum Press, 1973, 233 –244.

[67] Sinha H N. Fluidized – bed leaching of ilmenite// Jones M J (Ed.), Proceedings of the eleventh commonwealth mining and metallurgical congress [D]. Institute of Mining and Metallurgy, London, 1979, 669 –672.

[68] Walpole E A. The Austpac ERMS and EARS processes. A cost effective route to high grade synthetic rutile and pigment grade TiO$_2$. Heavy Minerals [M]. SAIMM, Johannesburg, 1997, 169 –174.

[69] Lasheen T A I. Chemical benefication of Rosetta ilmenite by direct reduction leaching [J]. Hydrometallurgy, 2005, 76(1 –2): 123 –129.

[70] 中南矿冶学院冶金研究室. 氯化冶金 [M]. 北京: 冶金工业出版社, 1978.

[71] 邱冠周, 郭宇峰. 钛铁矿富集方法评述 [J]. 矿产综合利用, 1998(5): 29 –33.

[72] 孙康. 钛铁矿的富集方法 [J]. 钒钛, 1995(5): 12 –22.

[73] 马勇. 人造金红石生产路线的探讨 [J]. 钛工业进展, 2003(1): 20 –23.

[74] 邓国珠, 王雪飞. 用攀枝花钛精矿制取高口位富钛料的途径 [J]. 钢铁钒钛, 2002, 23 (4): 14 –17.

[75] Brown I W M, Owers W R. Fabrication, microstructure and properties of Fe – TiC ceramic – metal composites [J]. Curr Aplp Phys, 2004, 4(2 –4): 171 –174.

[76] Terry B S, Chinyamakobvu O. Carbothermic reduction of ilmenite and rutile as means of production of iron based Ti(O, C) metal matrix composites [J]. Mater Sci Technol, 1997, (7): 842 – 848

[77] Welham N J. Mechanochemical reaction between ilmenite (FeTiO$_3$) and aluminium [J]. J Alloy Compd, 1998, 270: 228 –231.

[78] Welham N J, Kerr A, Willis P E. Ambient – temperature mechanochemical formation of titanium nitride – alumina composite from TiO$_2$ and FeTiO$_3$[J]. J Am Ceram Soc, 1999, 82: 2332 –2336.

[79] Welham N J. A parametric study of the mechanicallyactivated carbothermic reduction of ilmenite [J]. Miner Eng, 1996, (9): 1189 –1200.

[80] Welham N J, Williams J S. Carbothermic reduction of ilmenite (FeTiO$_3$) and rutile (TiO$_2$) [J]. Metall Mater Trans B, 1999, 30: 1075 –1081.

[81] Welham N J. Mechanically induced reduction of ilmenite (FeTiO$_3$) and rutile (TiO$_2$) by magnesium [J]. J Alloy Compd, 1998, 274: 260 –265.

[82] Ananthapadmanabhan P V, Taylor P R. Titanium carbide – iron composite coatings by reactive plasma spraying of ilmenite [J]. J Alloy Compd, 1999, 287(1 –2): 121 – 125.

［83］ Ananthapadmanabhan P V, Taylor P R, Zhu W X. Synthesis of titanium nitride in a thermal plasma reactor ［J］. J Alloy Compd, 1999, 287(1 - 2): 126 - 129.

［84］ 潘复生, 杨爱涛, 李奎. 碳氮化钛及其复合材料的反应合成 ［M］. 重庆: 重庆大学出版社, 2005.

［85］ Pan F S, Li K, Tang A, et al. Influence of high energy ball milling on the carbothermic reduction of ilmenite ［J］. Mater Sci Forum, 2003, 437 - 438: 105 - 108.

［86］ Zou Z G, Li J L, Wu Y. The study of self - propagating high - temperature synthesis of TiC - Al$_2$O$_3$/Fe from natural ilmenite ［J］. Key Eng Mater, 2005, 280 - 283: 1103 - 1106.

［87］ 邸云萍, 徐利华, 王缓, 等. 整体利用钛精矿制备多相复合型光催化粉体 ［J］. 人工晶体学报, 2008, 37(4): 886 - 889.

［88］ 邢献然, 陈茜, 于然波, 等. 一种用钛铁矿精矿直接制备磁性材料的方法. 中国专利, 200810225629.0［P］, 20081031.

［89］ Wu L, Li X, Wang Z, et al. Preparation of synthetic rutile and metal - doped LiFePO$_4$ from ilmenite ［J］. Powder Technol, 2010, 199(3): 293 - 297.

［90］ Wu L, Li X, Wang Z, et al. A novel process for producing synthetic rutile and LiFePO$_4$ cathode material from ilmenite ［J］. J Alloy Compd, 2010, 506(1): 271 - 278.

［91］ Wu L, Li X, Wang Z, et al. Novel synthesis of LiFePO$_4$ and Li$_4$Ti$_5$O$_{12}$ from natural ilmenite ［J］. Chem Lett, 2010, 39: 806 - 807.

［92］ Wang X, Li X, Wang Z, et al. Preparation and characterization of Li$_4$Ti$_5$O$_{12}$ from ilmenite ［J］. Powder Technol, 2010, 204: 198 - 202.

［93］ Wu F, Li X, Wang Z, et al. Hydrogen peroxide leaching of hydrolyzed titania residue prepared from mechanically activated Panzhihua ilmenite leached by hydrochloric acid ［J］. Int J Miner Process, 2011, 98: 106 - 112.

［94］ Li C, Liang B, Guo L - H. Dissolution of mechanically activated Panzhihua ilmenites in dilute solutions of sulphuric acid ［J］. Hydrometallurgy, 2007, 89(1 - 2): 1 - 10.

［95］ 葛英勇, 秦贵平. 利用七水硫酸亚铁生产一水硫酸亚铁及聚合硫酸铁 ［J］. 无机盐工业, 1999, 31(5): 29 - 30.

［96］ 蔡绪波. 用钛白副产绿矾和废酸生产聚合硫酸铁 ［J］. 中国资源综合利用, 2002(8): 16 - 17.

［97］ 蔡传琦, 曾昭仪, 徐启利. 钛白废副硫酸亚铁生产氧化铁红颜料的方法. 中国专利, ZL02148428.7［P］, 20021204.

［98］ 蔡传琦, 曾昭仪, 徐启利. 钛白废副硫酸亚铁生产氧化铁黄颜料的方法. 中国专利, ZL02148429.5［P］, 20021204.

［99］ 黄平峰. 用钛白废渣绿矾生产氧化铁黑颜料的方法. 中国专利, 20071013 0428.8 ［P］, 20070718.

［100］ 周宏明, 刘跃进, 熊双喜. 钛白副产硫酸亚铁制备氧化铁黑的研究［J］. 湘潭大学自然科学学报, 2001, 23(2): 65 - 69.

［101］ 黄平峰. 用钛白副产硫酸亚铁生产氧化铁系列颜料［J］. 无机盐工业, 2003, 35(5): 7 -

9.

[102] 樊耀亭, 刘长让. 用钛白副产硫酸亚铁制氧化铁黄颜料 [J]. 涂料工业, 1992(6)：25 −261.

[103] 李实侬, 陈启明, 陈出新, 等. 用钛白副产硫酸亚铁生产高纯磁性氧化铁的方法. 中国专利, ZL00113589.9[P], 20000802.

[104] 黄坚, 龚竹青. 用含铁废料制备软磁用高纯 α−Fe_2O_3 工艺的探讨 [J]. 湖南有色金属, 2002, 18(5)：30−32.

[105] 侬健桃, 黄瀚, 韦世强. 用钛白副产硫酸亚铁制备软磁用高纯氧化铁的方法. 中国专利, ZL200610018642.X[P], 20060324.

[106] Wu L, Li X, Wang Z, et al. Synthesis and electrochemical properties of metals − doped $LiFePO_4$ prepared from the $FeSO_4 \cdot 7H_2O$ waste slag [J]. J Power Sources, 2009, 189(1)：681−684.

[107] Wu L, Wang Z, Li X, et al. Cation − substituted $LiFePO_4$ prepared from the $FeSO_4 \cdot 7H_2O$ waste slag as a potential Li battery cathode material [J]. J Alloy Compd, 2010, 497(1−2)：278−284.

[108] 李新海, 伍凌, 王志兴, 等. 钛白粉副产物硫酸亚铁生产电池级草酸亚铁的方法. 中国专利, 200910304079.6[P], 20090707.

[109] Flandrois S, Simon B. Carbon materials for lithium − ion rechargeable batteries [J]. Carbon, 1999, 37(2)：165−180.

[110] Wu Y P, Rahm E, Holze R. Carbon anode materials for lithium ion batteries [J]. J Power Sources, 2003, 114(2)：228−236.

[111] Subramanian V, Gnanasekar K I, Rambabu B. Nanocrystalline SnO_2 and In − doped SnO_2 as anode materials for lithium batteries [J]. Solid State Ionics, 2004, 175：181−184.

[112] Li H, Shi L H, Lu W, et al. Studies on capacity loss and capacity fading of nano − sized SnSb alloy anode for Li − ion batteries [J]. J Electrochem Soc, 2001, 148(8)：A915−A922.

[113] Mao O, Dunlap R A, Dahn J R. Mechanically alloyed Sn − Fe(−C) powders as anode materials for Li − ion batteries Ⅰ. The Sn_2Fe−C System [J]. J Electrochem Soc, 1999, 146(2)：405−413.

[114] Lee K T, Jung Y S, OH S M. Synthesis of tin − encapsulated spherical hollow carbon for anode material in lithium secondary batteries [J]. J Am Chem Soc, 2003, 125：5652−5653.

[115] Pasquier A D, Laforgue A, Simon P. $Li_4Ti_5O_{12}$/poly(methyl)thiophene asymmetric hybrid electrochemical device [J]. J Power Sources, 2004, 125(1)：95−102.

[116] Erin M S, Scott J B, Jung H K, et al. Three dimensionally ordered macroporous $Li_4Ti_5O_{12}$：effect of wall structure on electrochemical properties [J]. Chem Mater, 2006, 146(2)：482−489.

[117] Schamer S, Weppner W, Shmid − beumann P. Evidence of two − phase formation upon lithium insertion into the $Li_{1.33}Ti_{1.67}O_4$ spinel [J]. J Electrochem Soc, 1999, 146(3)：857−861.

[118] Masatoshi M, Satoshi U, Eriko Y, et al. Development of long life lithium ion battery for power

storage [J]. J Power Sources, 2001, 101: 53 – 59.

[119] Jansen A N, Kahaian A J, Kepler K D, et al. Development of a high – power lithium – ion battery [J]. J Power Sources, 1999, 81 – 82: 902 – 905.

[120] Ouyang C, Zhong Z, Lei M. Ab initio studies of structural and electronic properties of $Li_4Ti_5O_{12}$ spinel [J]. Electrochem Commun, 2007, 9(5): 1107 – 1112.

[121] Wen Z, Yang X, Huang S. Composite anode materials for Li – ion batteries [J]. J Power Sources, 2007, 174(2): 1041 – 1045.

[122] Kataokaa K, Takahashia Y, Kijimaa N, et al. Single crystal growth and structure refinement of $Li_4Ti_5O_{12}$[J]. J Phys Chem Solids, 2008, 69(5 – 6): 1454 – 1456.

[123] Hao Y, Lai Q, Xu Z, et al. Synthesis by TEA sol – gel method and electrochemical properties of $Li_4Ti_5O_{12}$ anode material for lithium – ion battery [J]. Solid State Ionics, 2005, 176(13 – 14): 1201 – 1206.

[124] Hao Y, Lai Q, Lu J, et al. Synthesis and characterization of spinel $Li_4Ti_5O_{12}$ anode material by oxalic acid – assisted sol – gel method [J]. J Power Sources, 2006, 158(2): 1358 – 1364.

[125] Hao Y, Lai Q, Liu D, et al. Synthesis by citric acid sol – gel method and electrochemical properties of $Li_4Ti_5O_{12}$ anode material for lithium – ion battery [J]. Mate Chem Phys, 2005, 94(2 – 3): 382 – 387.

[126] Bach S, Pereira – Ramos J P, Baffier N. Electrochemical properties of sol – gel $Li_{4/3}Ti_{5/3}O_4$ [J]. J Power Sources, 1999, 81 – 82: 273 – 276.

[127] Yi T F, Shu J, Yue C B, et al. Enhanced cycling stability of microsized $LiCoO_2$ cathode by $Li_4Ti_5O_{12}$ coating for lithium ion battery [J]. Mater Res Bull, 2010, 45(4): 456 – 459.

[128] Li J R, Tang Z Z, Zhang Z T. Controllable formation and electrochemical properties of one – dimensional nanostructured spinel $Li_4Ti_5O_{12}$ [J]. Electrochem Commun, 2005, 7(9): 894 – 899.

[129] Li J, Jin Y L, Zhang X G, et al. Microwave solid – state synthesis of spinel $Li_4Ti_5O_{12}$ nanocrystallites as anode material for lithium – ion batteries [J]. Solid State Ionics, 2007, 178 (29 – 30): 1590 – 1594.

[130] Hsiao K C, Liao S C, Chen J M. Microstructure effect on the electrochemical property of $Li_4Ti_5O_{12}$ as an anode material for lithium – ion batteries [J]. Electrochim Acta, 2008, 53(24): 7242 – 7247。

[131] Rahman M M, Wang J Z, Hassan M F, et al. Basic molten salt process – A new route for synthesis of nanocrystalline $Li_4Ti_5O_{12}$ – TiO_2 anode material for Li – ion batteries using eutectic mixture of $LiNO_3$ – $LiOH$ – Li_2O_2[J]. J Power Sources, 2010, 195(13): 4297 – 4303.

[132] Bai Y, Wang F, Wu F, et al. Influence of composite LiCl – KCl molten salt on microstructure and electrochemical performance of spinel $Li_4Ti_5O_{12}$ [J]. Electrochim Acta, 2008, 10(6): 1016 – 1021.

[133] Guerfi A, Sevigny S, Lagace M, et al. Nano – particle $Li_4Ti_5O_{12}$ spinel as electrode for electrochemical generators [J]. J Power Sources, 2003, 119 – 121: 88 – 94.

[134] Guerfi A, Charest P. Nano electronically conductive titanium – spinel as lithium ion storage native electrode [J]. J Power Sources, 2004, 126: 163 – 168.

[135] Dominko R, Gaberscek M, Bele A, et al. Carbon nanocoatings on active materials for Li – ion batteries [J]. J Eur Ceram Soc, 2007, 27(2 –3): 909 –913.

[136] Huang S, Wen Z, Zhu X, et al. Preparation and electrochemical performance of Ag doped $Li_4Ti_5O_{12}$ [J]. Electrochem Commun, 2004, 6(11): 1093 –1097.

[137] Huang S, Wen Z, Lin B, et al. The high – rate performance of the newly designed $Li_4Ti_5O_{12}$/ Cu composite anode for lithium ion batteries [J]. J Alloy Compd. 2008, 457(1 –2): 400 –403.

[138] Kubiak P, Garcia A, Womes M, et al. Phase transition in the spinel $Li_4Ti_5O_{12}$ induced by lithium insertion: Influence of the substitutions Ti/V, Ti/Mn, Ti/Fe. J Power Sources, 2003, 119 –121: 626 –630.

[139] Robertson A D, Trevino L, Tukamoto H, et al. New inorganic spinel oxides for use as negative electrode materials in future lithium – ion batteries [J]. J Power Sources, 1999, 81 –82: 352 –357.

[140] Zhao H, Li Y, Zhu Z, et al. Structural and electrochemical characteristics of $Li_{4-x}Al_xTi_5O_{12}$ as anode material for lithium – ion batteries [J]. Electrochim Acta, 2008, 53(24): 7079 –7083.

[141] Huang S, Wen Z, Gu Z, et al. Preparation and cycling performance of Al^{3+} and F^- co – substituted compounds $Li_4Al_xTi_{5-x}F_yO_{12-y}$ [J]. Electrochim Acta, 2005, 50(20): 4057 –4062.

[142] Shen C M, Zhang X G, Zhou Y K, et al. Preparation and characterization of nanocrystalline $Li_4Ti_5O_{12}$ by sol – gel method [J]. Mater Chem Phys, 2002, 78(2): 437 –441.

[143] Kavan L, Gratzel M. Facile synthesis of nanocrystalline $Li_4Ti_5O_{12}$ (spinel) exhibiting fast Li insertion [J]. Electrochem Solid – State Lett, 2002, 5(2): A39 – A42.

[144] 刘强, 唐致远. 钛酸锂在锂离子电池中的应用 [C]. 第十三次全国电化学会议, 广州, 2005.

[145] 唐致远, 武鹏, 杨景雁, 等. 电极材料 $Li_4Ti_5O_{12}$ 的研究进展 [J]. 电池, 2007, 37(1): 73 –75.

[146] Cheng L, Liu H J, Xia Y Y, et al. Nanosized $Li_4Ti_5O_{12}$ prepared by molten salt method as an electrode material for hybrid electrochemical supercapacitors [J]. J Electrochem Soc, 2006, 153(8): 1472 –1477.

[147] Antonino S A, Peter B, Bruno S, et al. Nanostructured materials for advanced energy conversion and storage devices [J]. Nat Mater, 2005, 4(5): 366 –377.

[148] Padhi A K, Nanjundaswamy K S, Masquelier C, et al. Effect of structure on the Fe^{3+}/Fe^{2+} redox couple in iron phosphates [J]. J Electrochem Soc, 1997, 144(5): 1609 –1613.

[149] Anderson A S, Thomas J O. The source of first – cycle capacity loss in $LiFePO_4$ [J]. J Power Sources, 2001, (97 –98): 498 –502.

[150] Anderson A S, Kalska B, Häggström L, et al. Lithium extraction/insertion in LiFePO$_4$: an X – ray diffraction and M？ssbauser spectroscopy study [J]. Solid State Ionics, 2002, 5(5): A95 – A98.

[151] Ouyang C, Shi S, Wang Z, et al. First – principles study of Li ion diffusion in LiFePO$_4$[J]. Phys Rev B, 2004, 69, 104303.

[152] Lin C, Ritter J A. Effect of synthesis ph on the structure of carbon xerogel [J]. Carbon, 1997, 35(9): 1271 – 1278.

[153] Yamada A, Chung S C, Hinokuma K. Optimized LiFePO$_4$ for lithium battery cathodes [J]. J Electrochem Soc, 2001, 148(3): A224 – A229.

[154] Barker J. Saidi M Y, Swoyer J L. Lithium iron (Ⅱ) phosphor – olivenes prepared by a novel carbothermal reduction method [J]. Electrochem Solid – State Lett, 2003, 6(3): A53 – A55.

[155] Prosini P P, Lisi M, Scaccia S, et al. Synthesis and characterization of amophous hydrated FePO$_4$ and its electrode performance in lithium batteries [J]. J Electrochem Soc, 2002, 149 (3): A297 – A301.

[156] Arnold G, Garche J, Hemmer R, et al. Fine – particle lithium iron phosphate LiFePO$_4$ synthesized by a new low – cost aqueous precipitation technique [J]. J Power Sources, 2003, 119 – 121: 247 – 251.

[157] Prosini P P, Carewska M, Scaccia S, et al. A new synthetic route for preparing LiFePO$_4$ with enhanced electrochemical performance [J]. J Electrochem Soc, 2002, 149(7): A886 – 890.

[158] 邱亚丽, 王保峰, 杨立. LiFePO$_4$纳米粉体的还原插锂合成及其电化学性能研究 [J]. 无机材料学报, 2007, 22(1): 79 – 83.

[159] Huang H, Yin S C, Naza L F r. Approaching theoretical capacity of LiFePO$_4$ at room temperature at high rates [J]. Electrochem Solid – State Lett, 2001, 4(10): A170 – A172.

[160] Doeff M M, Finones R, Yaoqin H. Electrochemical performance of sol – gel synthesized LiFePO$_4$ in lithium battery [C]. 11th International Meeting on Lithium Battery (IMLB), Monterey, CA, USA, 2002.

[161] Piana M, Cushing B L, Goodenough J B, et al. A new promising sol – gel synthesis of phospho – olivines as environmentally friendly cathode materials for Li – ion cells [J]. Solid Sate Ionics, 2004, 175: 233 – 237.

[162] Higuchi M, Katayama K, Azuma Y, et al. Synthesis of LiFePO$_4$ cathode material by microwave processing [J]. J Power Sources, 2003, 119 – 121: 258 – 261.

[163] Park K S, Son J T, Chung H T, et al. Synthesis of LiFePO$_4$ by copreicpitationand microwave heating [J]. Electrochem Commun, 2003, 5: 829 – 842.

[164] Myung S T, Komaba S, Hirosaki N, et al. Emulsion drying synthesis of olivine LiFePO$_4$/C composite and its electrochemical properties as lithium intercalationmaterial [J]. Electrochim Acta, 2004, 49: 4213 – 4222.

[165] Cho T H, Chung H T. Synthesis of olivine – type LiFePO$_4$ by emulsion – drying method [J]. J Power Sources, 2004, 133(2): 272 – 276.

[166] Yu F, Zhang J, Yang Y, et al. Preparation and characterization of mesoporous LiFePO₄/C microsphere by spray drying assisted template method [J]. J Power Sources, 2009, 189(1): 794 - 797.

[167] Gao F, Tang Z, Xue J. Preparation and characterization of nano - particle LiFePO₄ and LiFePO₄/C by spray - drying and post - annealing method [J]. Electrochim Acta, 2007, 53 (4): 1939 - 1944.

[168] Yang M R, Teng T H, Wu S H. LiFePO₄/carbon cathode materials prepared by ultrasonic spray pyrolysis [J]. J Power Sources, 2006, 159(1): 307 - 311.

[169] Yang S, Zavalij P Y, Whittingham M S. Hydrothemal synthesis of Lithium ion phosphate cathodes [J]. Electrochem Commun, 2001(3): 505 - 508.

[170] Yang S, Zavalij P Y, Whittingham M S. Reactivity, Stability and Electro - chemical behavior of lithium iron phosphates [J]. Electrochem Commun, 2002(4): 239 - 244.

[171] Tucker M C, Doeff M M, Richardson T J, et al. ⁷Li and ³¹P magic angle spinning nuclear magnetic resonance of LiFePO₄ type materials [J]. Electrochem Solid - State Lett, 2002, 5(5): A95 - 98.

[172] Takeuchi T, Tabuchi M, Nakashima A, et al. Preparation of dense LiFePO₄/C composite positive electrodes using spark - plasma - sintering process [J]. J Power Sources, 2005, 146 (1 - 2): 575 - 579.

[173] Lu Z G, Cheng H, Lo M F, et al. Pulsed laser deposition and electrochemical characterization of LiFePO₄ - Ag composite thin film [J]. Adv Funct Mater, 2007, 17(18): 3885 - 3896.

[174] Yada C, Iriyama Y, Jeong S K, et al. Electrochemical properties of LiFePO₄ thin films prepared by pulsed laser deposition [J]. J Power Sources, 2005, 146(1 - 2): 559 - 564.

[175] Li P, He W, Zhao H, et al. Biomimetic synthesis and characterization of the positive electrode material LiFePO₄[J]. J Alloy Compd, 2009, 471: 536 - 538.

[176] Andersson A S, Kalska B, Häggström, et al. Lithium extraction/insertion in LiFePO₄: An X - ray diffraction and Mössbauer spectroscopy study [J]. Solid State Ionics, 2000, 130: 41 - 52.

[177] Prosini P P, Lisi M, Zane D, et al. Determination of the chemical diffusion coefficient of lithium in LiFePO₄[J]. Solid State Ionics, 2002, 148: 45 - 51.

[178] Rho Y H, Kanamura K. Li⁺ - ion diffusion in LiCoO₂ thin film prepared by the poly (vinylpyrrolidone) sol - gel method [J]. J Electrochem Soc, 2004, 151 (9): A1406 - A1411.

[179] Ravet N, Chouinard Y, Magnan J F, et al. Electroactivity of natural and synthetic triphylite [J]. J Power Sources, 2001, 97: 503 - 507.

[180] Shimakawas Y, Numata T, Tabuchi J. Verwey - type transition and magnetic properties of the LiMn₂O₄ spinels [J]. J Solid - State Chem, 1997, 131: 138 - 143.

[181] Kawaia H, Nagatab M, Kageyamac H, et al. 5 V lithium cathodes based on spinel solid solutions Li₂Co₁₊ₓMn₃₋ₓO₈: -1 ≤ x ≤ 1 [J]. Electrochim Acta, 1999, 45: 315 - 327.

[182] Prosini P P, Zane D, Pasquali M. Improved electrochemical performance of a LiFePO$_4$ – based composite cathode [J]. Electrochim Acta, 2001, 46: 3517 – 3523.

[183] Ravet N, Goodenough J B, Besner S, et al. Abstracts 127. The Electrochemical Society and the Electrochemical Society of Japan Meeting Abstracts, Vol. 99 – 2. Honolulu, HI, Oct 17 – 22, 1999.

[184] Chen Z H, Dahn J R. Reducing carbon in LiFePO$_4$/C composite electrodes to maximize specific energy, Volumetic energy and tap density [J]. J Electrochem Soc, 2002, 149(9): A1184 – A1189.

[185] Croce F, Epifanio A D, Hassoun J, et al. A novel concept for the synthesis of an improved LiFePO$_4$ liuthium battery cathode [J]. Electrochem Solid – State Lett, 2002, 5(3): A47 – A50.

[186] Mi C H, Cao Y X, Zhang X G, et al. Synthesis and characterization of LiFePO$_4$/ (Ag + C) composite cathodes with nano – carbon webs [J]. Powder Technol, 2008, 181(3): 301 – 306.

[187] Huang YH, Goodenough G B. High – rate LiFePO$_4$ lithium rechargeable battery promoted by electrochemicaly active polymers [J]. Chem Mater, 2008, 20(23): 7237 – 7241.

[188] Yang Y, Liao X Z, Ma Z F, et al. Superior high – rate cycling performance of LiFePO$_4$/C – PPy composite at 55℃ [J]. Electrochem Commun, 2009, 11: 1277 – 1280.

[189] Kang B, Ceder G. Battery materials for ultrafast charging and discharging [J]. Nature, 2009, 458: 190 – 193.

[190] Zaghib K, Goodenough J B, Mauger A, et al. Unsupported claims of ultrafast charging of LiFePO$_4$ Li – ion batteries [J]. J Power Sources, 2009, 194: 1021 – 1023.

[191] Lampe – Onnerud C, Dalton S, Onnerud P et al. Assessment of olivines as the cathode for lithium – ion batteries [C]. 203rd Meeting of the Electrochemical Society, 2003: 1 – 29.

[192] Wang D Y, Li H, Shi S Q, et al. Improving the rate performance of LiFePO$_4$ by Fe – site doping [J]. 2005, 50(14): 2955 – 2958.

[193] Shi S Q, Liu L J, Ouyang C Y, et al. Enhancement of electronic conductivity of LiFePO$_4$ by Cr doping and its identification by first – principles calculations [J]. Phys Rev B, 2003, 68 (19): 195108.

[194] Amin R, Lin C T, Peng J B, et al. Silicon – doped LiFePO$_4$ single crystals: Growth, conductivity behavior, and diffusivity [J]. Adv Funct Mater, 2009, 19: 1697 – 1704.

[195] Prosini P P. LiFePO$_4$ for lithium battery cathodes [J]. J Electrochem Sci, 2001, 145(3): A120 – A121.

[196] Kim D H, Kim J. Synthesis of LiFePO$_4$ nanoparticles in polyol medium and their electrochemical properties [J]. Electrochem Solid – State Lett, 2006, 9(9): A439 – A442.

[197] 蒋志君. 锂离子电池正极材料磷酸铁锂：进展与挑战 [J]. 功能材料, 41(3): 365 – 368.

[198] 李小芳. 磷酸铁锂锂离子蓄电池的发展和应用 [J]. 新能源汽车, 2010, 2(1): 15 – 17.

[199] 新闻. http：//finance. sina. com. cn/roll/20101129/01159021855. shtml.

[200] 新闻. http：//auto. ifeng. com/focus/information/20101015/441650. shtml.

[201] Sasikumar C, Rao D S, Srikanth S, et al. Dissolution studies of mechanically activated Manavalakurichi ilmenite with HCl and H_2SO_4 [J]. Hydrometallurgy, 2007, 88(1 – 4)：154 – 169.

[202] Chen Y, Hwang T, Williams J S. Ball milling induced low – temperature carbothermic reduction of ilmenite [J]. Mater Lett, 1996, 28(1 – 3)：55 – 58.

[203] Chen Y. Low – temperature oxidation of ilmenite ($FeTiO_3$) induced by high energy ball milling at room temperature [J]. J Alloy Compd, 1997, 257(1 – 2)：156 – 160.

[204] Chen Y, Williams J S, Ninham B. Mechanochemical reactions of ilmenite with different additives [J]. Colloid Surface A, 1997, 129 – 130：61 – 66.

[205] Welham N J, Llewellyn D J. Mechanical enhancement of the dissolution of ilmenite [J]. Miner Eng, 1998, 11(9)：827 – 841.

[206] Li C, Liang B, Chen S P. Combined milling – dissolution of Panzhihua ilmenite in sulfuric acid [J]. Hydrometallurgy, 2006, 82(1 – 2)：93 – 99.

[207] 王曾洁, 张利华, 王海北, 等. 盐酸常压直接浸出攀西地区钛铁矿制备人造金红石 [J]. 有色金属, 2007, 59(4)：108 – 111.

[208] Li C, Liang B, Wang H. Preparation of synthetic rutile by hydrochloric acid leaching of mechanically activated Panzhihua ilmenite [J]. Hydrometallurgy, 2008, 91(1 – 4)：121 – 129.

[209] 邓珍灵. 现代分析化学实验 [M]. 长沙：中南大学出版社, 2002.

[210] 北京矿冶研究总院分析室. 矿石及有色金属分析手册 [M]. 北京：冶金工业出版社, 2000.

[211] 李洪桂. 冶金原理 [M]. 北京：科学出版社, 2010.

[212] Kelsall G I, Robbins D J. Thermodynamics of Ti – H_2O – F(– Fe) systems at 298K [J]. J Electroanal Chem, 1990, 283：135 – 157.

[213] Parsons R, Jordan J (Eds.). Standard Potentials in Aqueous Sofution [M]. New York：Marcel Dekker, 1985：391 – 547.

[214] Barin I, Knacke O, Kubaschewski O. Thermodynamical properties of inorganic substances [M]. Springer – Verlag, Berlin/Verlag Stahleisen, Düsseldorf, 1973, and Supplement, 1977.

[215] 张索林, 魏雨, 刘晓地. 化学热力学平衡中的几个问题 [M]. 河北：河北教育出版社, 1992.

[216] Dean J A 主编. 兰氏化学手册 [M]. 尚久方等译. 北京：科学出版社, 1991.

[217] 林树昌. 溶液平衡 [M]. 北京：北京师范大学出版社, 1993.

[218] Gutman E M. Mechanochemistry of material [M]. Cambridge, U K：Cambridge International Science, 1998.

[219] Barton A F, McCornnel S R. Rotating disc dissolution rates of ionic solids Part 3：Nature and

synthetic ilmenites [J]. Trans Faraday Soc, 1979, 75: 971 – 983.

[220] Duncan J F, Metson J B. Acid attack on New Zealand ilmenite 1: The mechanism of dissolution [J]. New Zeal J Sci, 1982, 25: 103 – 109.

[221] 李春, 梁斌. 钛铁矿的机械活化及其浸出的研究进展 [J]. 中国稀土学报, 2008, 26 (Spec. Isuue): 1000 – 1007.

[222] 黄国知, 方启学, 崔吉让, 等. 铝土矿脱硅方法及其研究的进展 [J]. 轻金属, 1999(5): 16 – 20.

[223] 张清岑, 刘建平, 肖奇. 微晶石墨除杂脱硅研究 [J]. 非金属矿, 2004, 27(4): 1 – 3.

[224] Zaghib K, Song X, Guerfi A, et al. Purification process of natural graphite as anode for Li – ion batteries: Chemical versus thermal [J]. J Power Sources, 2003, 119 – 121: 8 – 15.

[225] Dunnington F P. On metatitanic acid and the estimation of titanium by hydrogen peroxide [J]. J Am Chem Soc, 1891, 13(7): 210 – 211.

[226] Nordschow C D, Tammes A R. Automatic measurements of hydrogen peroxide utilizing a xylenol orange – titanium system [J]. Anal Chem, 1968, 40(2): 465 – 466.

[227] Rotzinger F P, Gratzel M. Characterization of the perhydroxytitanyl(2 +) ion in acidic aqueous solution [J]. Inorg Chem, 1987, 26(22): 3704 – 3708.

[228] Shozui T, Tsuru K, Hayakawa S, et al. In vitro apatite – forming ability of titania films depends on their substrates [J]. Key Eng Mat, 2007, 330 – 332: 633 – 636.

[229] Xiao F, Tsuru K, Hayakawa S, et al. Anatase/rutile dual layer deposition due to hydrolysis of titanium oxysulfate with hydrogen peroxide solution at low temperature [J]. J Mater Sci, 2007, 42(15): 6339 – 6346.

[230] Kakihana M, Tomita K, Petrykin V, et al. Chelating of titanium by lactic acid in the water – soluble diammonium tris(2 – hydroxypropionato) titanate(Ⅳ) [J]. Inorg Chem, 2004, 43 (15): 4546 – 4548.

[231] Gao Y, Masuda Y, Peng Zi, et al. Room temperature deposition of a TiO_2 thin film from aqueous peroxotitanate solution [J]. J Mater Chem, 2003, 13: 608 – 613.

[232] Shankar M V, Kako T, Wang D, et al. One – pot synthesis of peroxo – titania nanopowder and dual photochemical oxidation in aqueous methanol solution [J]. J Colloid Interf Sci, 2009, 331: 132 – 137.

[233] 吴良专, 只金芳. 水相一步合成锐钛矿型二氧化钛空心球 [J]. 物理化学学报, 2007, 23 (8): 1173 – 1177.

[234] Tomita K, Petrykin V, Kobayashi M, et al. A water soluble titanium complex for the selective synthesis of nanocrystalline brookite, rutile, and anatase by a hydrothermal method [J]. Angew Chem Int Ed, 2006, 45, 2378 – 2381.

[235] Ge L, Xu M X, Sun M. [J]. Mater Lett, 2006, 60: 287 – 290.

[236] Ohno T, Masaki Y, Hirayama S, et al. TiO_2 – photocatalyzed epoxidation of 1 – decene by H_2O_2 under visible light [J]. J Catal, 2001, 204: 163 – 168.

[237] Takahara Y K, Hanada Y, Ohno T, et al. Photooxidation of organic compounds in a solution

containing hydrogen peroxide and TiO_2 particles under visible light [J]. J Appl Electrochem, 2005, 35: 793 – 797.

[238] Li X, Chen C, Zhao J. Mechanism of photodecomposition of H_2O_2 on TiO_2 surfaces under visible light irradiation [J]. Langmuir, 2001, 17: 4118 – 4122.

[239] Peng Z, Chen Y. Preparation of $BaTiO_3$ nanoparticles in aqueous solutions [J]. Microelectron Eng, 2003, 66: 102 – 106.

[240] Sanderson R T. Chemical Bond and Bond Engergies [M]. New York: Academic Press, 1976.

[241] Graves J L, Parr R G. Possible universal scaling properties of potential energy curves for diatomic molecules [J]. 1985, Phys Rev, A31: 1 – 4.

[242] Livage J. Sol – gel ionics [J]. Solid State Ionics, 1992, 50(3 – 4): 307 – 313.

[243] Ichinose H, Terasaki M, Katsuki H. Properties of peroxotitanium acid solution and peroxo – modified anatase sol derived from peroxotitanium hydrate [J]. J Sol – Gel Sci Technol, 2001, 22: 33 – 40.

[244] Sasirekha N, Rajesh B, Chen Y W. Synthesis of TiO_2 sol in a neutral solution using $TiCl_4$ as a precursor and H_2O_2 as an oxidizing agent [J]. Thin Solid Films, 2009, 518: 43 – 48.

[245] Liu Y J, Aizawa M, Wang Z M, et al. Comparative examination of titania nanocrystals synthesized by peroxo titanic acid approach from different precursors [J]. J Colloid Interf Sci, 2008, 322: 497 – 504.

[246] Schwarzenbach G, Muehlebach J, Mueller K. Peroxo complexes of titanium [J]. Inorg Chem, 1970, 9(11): 2381 – 2390.

[247] Schwarzenbach G. Structure of a chelated dinuclear peroxytitanium(IV) [J]. Inorg Chem, 1970, 9(11): 2391 – 2397.

[248] 和超男, 郭广生, 王志华, 等. 钛酸和钛酸钠纳米管的制备及形成过程 [J]. 北京化工大学学报, 2008, 35(1): 15 – 19.

[249] Chen Q, Zhou W, Du G, et al. Trititanate nanotubes made via a single alkali treatment [J]. Adv Mater, 2002, 14: 1208 – 1211.

[250] Bao N, Shen L, Feng X, et al. High quality and yield in potassium titanate whiskers synthesized by calcinations from hydrous titania [J]. J Am Ceram Soc, 2004, 87(3): 326 – 330.

[251] He M, Feng X, Lu X, et al. A controllable approach for the synthesis of titanate derivatives of potassium tetratitanate fiber [J]. J Mater Sci, 2004, 39: 3745 – 3750.

[252] 陈虹锦. 无机与分析化学 [M]. 北京: 科学出版社, 2008.

[253] Lide D R. Handbook of Chemistry and Physics(78th ed). [M]. Boca Raton, New York: CRC Press, 1997 – 1998.

[254] 郑俊超, 李新海, 王志兴, 等. 制备过程 pH 对 $FePO_4 \cdot xH_2O$ 及 $LiFePO_4$ 性能的影响 [J]. 中国有色金属学报, 2008, 18(5): 867 – 872.

[255] 郑俊超. 锂离子电池正极材料 $LiFePO_4$、$Li_3V_2(PO_4)_3$ 及 $xLiFePO_4 \cdot yLi_3V_2(PO_4)_3$ 的制备与性能研究 [D]. 长沙: 中南大学, 2010.

[256] Wu L, Wang Z X, Li X H, et al. Electrochemical performance of Ti^{4+} – doped $LiFePO_4$ synthesized by co – precipitation and post – sintering method [J]. Trans Nonferrous Met Soc China, 2010, 20: 814 – 818.

[257] Wang G X, Bewlay S, Needham S A, et al. Synthesis and Characterization of $LiFePO_4$ and $LiTi_{0.01}Fe_{0.99}PO_4$ Cathode Materials [J]. J Electrochem Soc, 2006, 153(1): A25 – A31.

[258] Dahn J R, Jiang J W, Moshurchak L M. High – rate overcharge protection of $LiFePO_4$ – based Li – ion cells using the redox shuttle additive 2, 5 – diterbuty 1 – 1, 4 – dimethoxybenzene [J]. J Electrochem Soc, 2005, 152(6): A1283 – A1289.

[259] Moshurchak L M, Buhrmester C, Dahn J R. Spectroelectrochemical studies of redox shuttle overcharge additive for $LiFePO_4$ – based Li – ion batteries [J]. J Electrochem Soc, 2005, 152 (6): A1279 – A1282.

[260] Liu H, Li C, Zhang H P, et al. Kinetic study on $LiFePO_4/C$ nanocomposites synthesized by solid state technique [J]. J Power Sources, 2006, 159: 717 – 720.

[261] Liu H, Xie J. Synthesis and characterization of $LiFe_{0.9}Mg_{0.1}PO_4/nano$ – carbon webs composite cathode [J]. J Mater Process Technol, 2009, 209: 477 – 481.

[262] Amin R, Maier J. Effect of annealing on transport properties of $LiFePO_4$: Towards a defect chemical model [J]. Solid State Ionics, 2008, 178: 1831 – 1836.

[263] Liu X H, Zhao Z W. Synthesis of $LiFePO_4/C$ by solid – liquid reaction milling method [J]. Powder Technol, 2010, 197: 309 – 313.

[264] Sun L Q, Cui R H, Jalbout A F, et al. $LiFePO_4$ as an optimum power cell material [J]. J Power Sources, 2009, 189(1): 522 – 526.

[265] Wang K, Cai R, Yuan T, et al. Process investigation, electrochemical characterization and optimization of $LiFePO_4/C$ composite from mechanical activation using sucrose as carbon source [J]. Electrochim Acta, 2009, 54(10): 2861 – 2868.

[266] Liu Z. Preparation and electrochemical properties of spherical $LiFePO_4$ and $LiFe_{0.9}Mg_{0.1}PO_4$ cathode materials for lithium rechargeable batteries [J]. J Appl Electrochem, 2009, 39: 2433 – 2438.

[267] Wang G X, Bewlay S, Yao J, et al. Characterization of $LiM_xFe_{1-x}PO_4$ (M = Mg, Zr, Ti) cathode materials prepared by the sol – gel method [J]. Electrochem Solid – State Lett, 2004, 7(12): A503 – A506.

[268] Wu S H, Chen M S, Chien C J, et al. Preparation and characterization of Ti^{4+} – doped $LiFePO_4$ cathode materials for lithium – ion batteries [J]. J Power Sources, 2009, 189: 440 – 444.

[269] Amin R, Lin C, Maier J. Aluminium – doped $LiFePO_4$ single crystals. Part I: Growth, characterization and total conductivity [J]. Phys Chem Chem Phys, 2008, 10: 3519 – 3523.

[270] Amin R, Lin C, Maier J. Aluminium – doped $LiFePO_4$ single crystals. Part II: Ionic conductivity, diffusivity and defect model [J]. Phys Chem Chem Phys, 2008, 10: 3524 – 3529.

[271] Xu J, Chen G, Teng Y J, et al. Electrochemical properties of $LiAl_xFe_{1-3x/2}PO_4/C$ prepared by a solution method [J]. Solid State Commun, 2008, 147(9 – 10): 414 –418.

[272] 刘素琴, 龚本利, 黄可龙, 等. 焙烧温度对合成 $LiFePO_4$ 的产物组成和电化学性能的影响 [J]. 物理化学学报, 2007, 23(7): 1117 –1122.

[273] Chang Y C, Sohn H J. Electrochemical impedance analysis for lithium ion intercalation into graphitized carbons [J]. J Electrochem Soc, 2000, 147(1): 50 –58.

[274] Shenouda A Y, Liu H K. Studies on electrochemical behaviour of zinc – doped $LiFePO_4$ for lithium battery positive electrode [J]. J Alloy Compd, 2009, 477(1 –2): 498 –503.

[275] Bard A J, Faulkner L R. Electrochemical Methods(second ed). [J] New York: John Wiley & Sons, 2001, 231.

[276] Ho C, Raistrick I D, Huggins R A. Application of A – C techniques to the study of lithium diffusion in tungsten trioxide thin films [J]. J Electrochem Soc, 1980, 127: 343 –350.

[277] Nakamura T, Sakumoto K, Okamoto M. Electrochemical study on Mn^{2+} – substitution in $LiFePO_4$ olivine compound [J]. J Power Sources, 2007, 174: 435 –441.

[278] Nishimur S I, Kobayashi G, Ohoyama K, et al. Experimental visualization of lithium diffusion in Li_xFePO_4[J]. Nat Mater, 2008, 7: 707 –711.

[279] Yan C J, Fey G T K, Lin Y C. Characterization and electrochemical properties of Ca^{2+} – doped $LiFePO_4/C$ cathode materials for lithium – ion batteries [C]. Abs. no. A01135 – 01967, ICMAT 2009 & IUMRS – ICA 2009 Meeting, 2009, Singapore.